高等技术应用型人才工业设计类专业教材

U0392579

产品创新设计

主　编　赵　军
副主编　周丽先　李晓东

電子工業出版社
Publishing House of Electronics Industry
北京 · BEIJING

内容简介

本书通过大量的实际案例或设计竞赛获奖实例，详细地介绍了产品创新设计的流程、方法、内容等方面的技巧，特别是一些优秀展板设计范例，详细的专利申报说明书等方面的内容是其他教材前所未有的。本书共分为 6 章，第 1 章绪论部分，对工业设计、产品创新设计进行简单概述；第 2 章介绍产品设计的流程和方法；第 3 章讲解创新思维的主要方法；第 4 章介绍产品创新的主要内容和实施；第 5 章综合运用本书的一些方法和理论进行实践设计讲解，重点从设计过程、设计方法、设计内容、设计定位、专利申报等方面进行产品设计的综述；第 6 章主要介绍一些国内优秀设计案例的展示及评析，以及一些优秀学生参赛展板的展示。

本书可以作为本科、高职高专等院校工业设计、产品设计、机械设计、艺术设计等设计和制造类专业设计方面课程、创新思维方面课程的选用教材，也可作为设计人员的参考用书。

未经许可，不得以任何方式复制或抄袭本书之部分或全部内容。
版权所有，侵权必究。

图书在版编目（CIP）数据

产品创新设计 / 赵军主编. — 北京：电子工业出版社，2016. 6
ISBN 978-7-121-28873-9
Ⅰ. ①产… Ⅱ. ①赵… Ⅲ. ①产品设计—高等学校—教材　Ⅳ. ①TB472
中国版本图书馆CIP数据核字（2016）第109761号

策划编辑：贺志洪
责任编辑：贺志洪
特约编辑：张晓雪　徐　堃
印　　刷：北京虎彩文化传播有限公司
装　　订：北京虎彩文化传播有限公司
出版发行：电子工业出版社
　　　　　北京市海淀区万寿路173信箱邮编100036
开　　本：787×1092　1/16　印张：9　　字数：230. 4千字
版　　次：2016年6月第1版
印　　次：2025年1月第11次印刷
定　　价：37. 00元

凡所购买电子工业出版社图书有缺损问题，请向购买书店调换。若书店售缺，请与本社发行部联系，联系及邮购电话：（010）88254888。

质量投诉请发邮件至 zlts@phei. com. cn，盗版侵权举报请发邮件至 dbqq@phei. com. cn。

服务热线：（010）88254609

前　言

当前，创新设计已经被看做是现代制造业与创新创意高度集成的“智慧产业”，成为产业升级转型的重要推动力。随着中国经济逐渐从“中国制造”向“中国创造”过渡，创新创意设计势必将促进工业经济快速增长。很多高校的设计专业已经将产品创新设计作为专业的必修课，通过课程学习来开发学生创新思维，引领学生熟悉设计流程和方法。

产品创新设计这本教材可以为工业设计等相关设计类专业的学生在创新设计综合实训环节中提供必要的创新思维引导和设计方法的学习。本教材可以帮助增强学生对工业设计的感性认识，熟悉设计的完整流程，掌握产品创新设计技能的必要途径。本教材最大的特点就是理论与实际结合，案例多，而且大部分案例都是国内外知名竞赛的设计获奖作品，有些还是企业著名设计师的经典之作。这些案例不仅可以启发学生的创新灵感，还详细地讲解了设计的过程，对学生的学习和理解很有帮助。有些案例还提供专利申请的模板，这对于提高学生技能和提升课堂创新效果非常有利。

本书参考学时为78学时，其中实践环节44～50学时。另外，本书的教学资源可以到华信教育资源网（www. hxedu. com. cn）免费下载或者向出电子工业出版社编辑索取（hzh@phei. com. cn）。

编　者

2016年3月

目　录

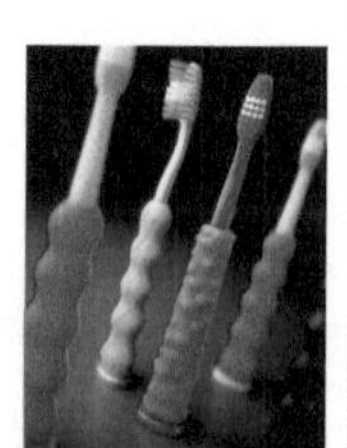

第 1 章

绪论

设计作为一种有目的性的创造性活动，其过程不仅需要设计师有着广泛的知识结构，同时又要对设计知识灵活运用，善于思考，发现规律，形成自身的设计思想和设计观。对设计概念的理解有助于更好地掌握设计活动的整个过程。在我国，《现代汉语词典》中将“设计”一词解释为：“在正式做某项工作之前，根据一定的目的和要求，预先制定方法、图样等”，其词义包括两方面内容：首先，与计划有关，将计划看成是一个整体，制定一定的方法将整体中的各个部分有效地连贯起来；其次，与表现有关，如制定图样等。

20世纪以来，伴随着科学技术的发展和工业经济的繁荣，现代的设计被赋予了新的概念，其主要是指在产品设计过程中，综合社会、人类、经济、技术、艺术、心理、生理等各种因素，并将这些因素纳入到工业化批量生产的轨道，对产品进行规划的技术。由此可见，设计所包含的知识范围极其广泛，涉及多个领域，在平时的学习中，要注重多领域知识的积累，从而拓展专业能力。

1.1 工业设计及产品设计

1.1.1 工业设计的相关概念

工业设计产生的条件是批量生产的现代化大工业和激烈的市场竞

争，其主要设计对象是以工业化方法批量生产的产品。然而，工业设计并不等同于产品设计，广义上讲，工业设计包涵了艺术设计、环境设计、产品设计等多方面内容。随着世界工业的快速发展，社会、经济、科技、文化等不断发展，其内容也获得更新与充实，设计的领域在不断地扩大。以下选取具有代表性的三种观点，对工业设计概念进行阐述。

国际工业设计协会理事会（International Council of Societies of Industrial Design, ICSID）：就批量生产的产品而言，凭借训练、技术知识、经验及视觉感受而赋予材料、结构、形态、色彩、表面加工以及装饰以新的品质和资格，叫做工业设计。根据当时的具体情况，工业设计师应在上述工业产品的全部侧面或其中几个方面进行工作，而且，当需要工业设计师对包装、宣传、展示、市场开发等问题的解决付出自己的技术知识和经验以及视觉评价能力时也属于工业设计的范畴。

美国工业设计师协会（International Designers Society of America, IDSA）：工业设计是一项专门的服务性工作，为使用者和生产者双方的利益而对产品和产品系列的外形、功能和使用价值进行优选。这种服务性工作是在经常与开发组织的其他成员协作下进行的。典型的开发组织包括经营管理、销售、技术工程、制造等专业机构。工业设计师特别注重人的特征、需求和兴趣，而这些有必要对视觉、触觉、安全、使用标准等各方面有详细的了解。工业设计师的工作就是在保护公众的安全和利益、尊重现实环境和遵守职业道德的前提下，把对这些方面的考虑与生产过程中的技术要求（销售机遇、流动和维修等）有机地结合起来。

加拿大魁北克工业设计师协会（The Association of Qucbec Industrial Designers）：工业设计包括提出问题和解决问题两个过程。既然设计就是为了给特定的功能寻求最佳形式，这个形式又受功能条件的约束，那么形式和使用功能相互作用辩证关系就是工业设计。工业设计并不需要导致个人的艺术作品和产生天才，也不受时

间、空间和人的目的控制，它只是为了满足包括设计师本人和他们所属社会的人们某种物质上和精神上的需求而进行的人类活动。这种活动是在特定的时间、特定的社会环境中进行的。因此，它必然会受到生存环境内起作用的各种物质力量的冲击，受到各种有形的和无形的影响和压力。

通过以上三个工业设计概念的阐述可知，国际工业设计协会理事会主要指出工业设计的性质；美国工业设计师协会除此之外，还谈到了工业设计与其他专业的联系，以及进行工业设计所必须考虑的问题；加拿大魁北克工业设计师协会则指出了工业设计中产品外形与使用功能的辩证关系，强调工业设计并不需要导致个人的艺术作品和产生天才，而是为了满足人们需要所进行的活动。

1.1.2 产品设计的相关概念

产品设计是人类为了生存发展而对以立体工业品为主要对象的造型活动，是在追求功能和使用价值的重要领域的同时，追求满足人类心理及生理的需求，完成人类与自然的媒介作用。

日本川登添在其著作《什么是产品设计》一书中，作了一段生动的描述：“人类置身于大自然中，在逐渐脱离自然的过程中，产生了两种矛盾。第一种矛盾是人类不在乎自己是大自然的一分子，而勇敢地向大自然挑战；第二种矛盾则在于人类一个人孤单地出生，又一个人孤单地死去，却无法一个人独自生存。为了克服第一种矛盾，人类创造了工具；为了解决第二种矛盾，人类发明了语言”。工具和语言都是人类意识活动的结果，可以说，语言是思想的直接现实，工具是思想的间接现实。这段话恰好是“设计”涵义的充分表达：人类为了联系人与大自然的关系，在工具的世界中创造设计了各种产品；为了连结人与人之间的关系，在通信传达的世界中创造设计了记号、符号；为了调和人类社会与大自然之间的关系，使之趋于平衡，出现了环境设计。其中产品设计在设计领域中占了很大分量。

关于产品设计的本质是否可以这样说：人类基于某种目的，有意识地改造自然，创造出自我本体以外的其他物质。这种基于生活需要所发明制造的物品，除了实用性外，还应包括美感及社会性动机和用途。其中实用性是指物品被使用的价值和功能；社会性是指物品在生活中所扮演的角色；美感是指物品刺激人类大脑所引起的感觉。一般来说，人类设计出来的物品多半具有双重价值，甚至于上述三种价值共存，只是各自的价值程度不同而已。

人类的祖先就开始了对工具的探索，追溯至旧石器时代，距今约100万年，三棱尖状器就是用以挖掘根茎类植物的工具（见图1-1），一般个体较为粗大，多用巨厚石片制成，从平坦的一面向背面加工，使背部成棱脊或高背状。旧石器时代石球（见图1-2）是人类在捕猎过程中的工具，粗大的石球可直接投掷野兽，中小型的石球可用做飞石索，即用兽皮或植物纤维做成一兜，兜的两头拴两根绳子，兜里放石球，使用时甩起绳子，使石球抡起来，而后松开一根绳索，将兜中的石球对准猎物飞出，有效射程可达50～60米。到了新时期时代，人们开始追求一些美感的存在，开始使用绳子等在陶制品上制作出特殊的纹理，像绳纹的出现，以及戳印纹陶盂（见图1-3），再到之后彩陶上刻画符号，人面鱼纹彩陶盆（见图1-4）上的人与鱼题材，这种鱼纹装饰正是他们生活的写照，也象征着人们祈求生殖繁衍族丁兴旺。

图1-1　三棱尖状器

图1-2　古代人类在捕猎过程中的球状工具

图1-3　戳印纹陶盂

图1-4　人面鱼纹彩陶盆

1.2　创新及产品创新设计

1.2.1　何为创新

1912年，美籍经济学家熊彼特在《经济发展概论》一书中提出关于“创新”的概念，他指出：创新是将生产要素与生产条件进行重新组合，并引入到生产体系中。它包括以下五种情况：①引入新的产品；②引入新的生产方法；③开辟新市场；④获得原材料或半成品新的来源途径；⑤建立新的企业组织形式。由此可见，并非只有对产品的完全改变，才属于创新的内容，它属于重组的过程。

1.2.2　产品创新设计

企业所拥有的产品优势会随着技术、消费者的观念等的不断更新而逐渐衰退，如熊猫电视、摩托罗拉手机等，这些曾经家喻户晓的品牌如今已失去曾经的辉煌。导致企业失败的原因有许多，但是创新却能注入企业以源源不断的生命力，维持企业的发展。

创新是产品设计的核心，产品创新有利于保持产品的竞争优势，从而提高企业形象，促进社会经济的发展。在这里值得一提的是索尼公司，它推出了“Walkman（随身听）”，创造了“耳机”文化，曾是相机胶卷的领军品牌，发布了首款数码相机，并因此失去了胶卷市场。它追逐科技创新，致力于“人工智能机器人”(Artificial Intelligence Robot)的研发（见图1-5），从外形上，这款机器人就像闪闪发光的“太空狗”，是SONY新力公司于1999年首次推出的电子机器宠物。AIBO的出现不仅代表了一具机器宠物的诞生，更重要的是AIBO配合了人工智能的科技，向提供生活娱乐的方向发展。AIBO正是一种追求产品创新的表现。

图1-5　Artificial Intelligence Robot机器人

1.3　产品的设计要素和设计原则

1.3.1　产品的设计要素

一个产品由若干个设计要素组成，针对产品的创新设计可以理解为，有目的性地对产品的设计要素进行设计，并进行整合，从而获得

前所未有的新产品。所以，了解产品设计要素的种类是对产品进行创新设计的前提条件。从传统意义上讲，设计要素可分为功能要素、物质技术要素和美学要素，如图1-6所示。其中，功能要素包括产品的功能范围、工作性能、人机性能等；物质技术要素包括产品的结构、材料、加工工艺、表面处理、使用技术、经济性等；美学要素包括产品的形体、线形、色彩、肌理等。

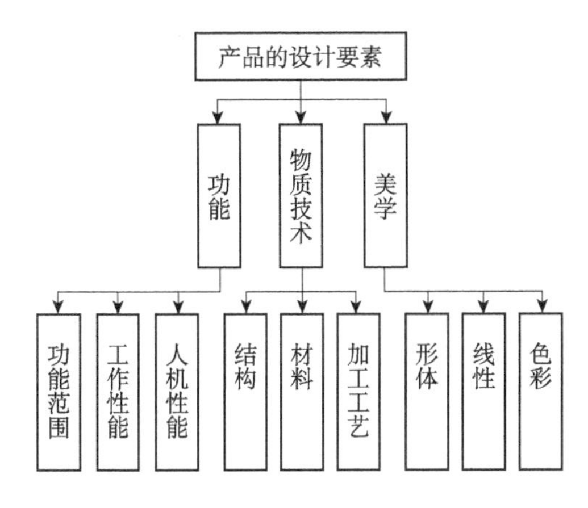

图1-6 传统意义的产品设计要素

产品设计的要素，是构成一个成功产品的重要组成部分。相对专业纵向比较深的工程师来说，设计师的专业横向比较宽。也就是说他们进行产品设计时要综合考虑各种相关要素才能设计出合理的、优秀的设计，考虑的是一种很多要素的综合关系。

相对于传统意义的三要素，一些设计师最近又提出一种新的观点，把产品设计的各种因素归纳成四大要素，这种观念相对比较全面，也符合时代的发展需求，因此，得到了越来越多设计同行的认可。

一、人的要素

人的要素既包括人的心理要素，如人的需求、价值观、生活意识、生活行为等要素，也包括人的形态、生理特征等的生理要素。人的生理要素可以通过人体计测、人机工程学的心理测定、生理学测定等方法取得设计需要的数据，这些数据在产品设计过程的分析综合化阶段是必须考虑的事项。人的心理要素是设计目标阶段应考虑的问

题。但心理要素较难像生理要素那样进行定量测量。

人类有各种各样的需求，这些需求促使产品发生变化，并且影响着人们的生活意识和生活行动。

按照美国心理学家马斯洛的研究，人的需要可以分为7个层次。在生活水平低下时，人们只能满足最起码的生理需要。随着时代的发展，人们生活水平逐渐提高，人们会有社交需要，甚至更高层次的自我实现需要。随着人们需要的变化，人们的价值观也会有很大变化，这也是产品设计计划时非常重要的一个课题。这些非定量的感性的、模糊的需求并不是市场营销学的数据调查那一套方法所能解决的。因此，对于人的生活基础研究已经成为必要。

设计要素的综合分析发生在产品设计的全过程。

二、技术要素

技术要素是指产品设计时要考虑的生产技术、材料与加工工艺、表面处理手段等各种有关的技术问题，是使产品设计的构想变为事实的关键要素。日新月异的现代科学技术为产品设计师提供了设计新产品的可能条件，而产品设计也使许多高新技术转化为具体的产品。美国的航天技术为著名工业设计师雷蒙德·罗维提供了展示他设计才能的机会，罗维又使高新技术落实到具体的阿波罗飞船设计上去，这一事例充分说明了这一点。身为美国宇航局总设计师的罗维在充满高科技的飞船设计中坚持以人为本的设计思想，劝说工程师克服困难在船身上多开几个门窗，使宇航员如同生活在地球住宅里；他设计的挤压式刀叉又使宇航员进食时如有地球引力时的习惯进餐动作一样，这些习惯动作引起了条件反射——胃的蠕动。同样是他设计的带钩宇航鞋，使研究人员在失重状态下能走路而不是飘。这些都使宇航员们在太空得以正常生活，当阿波罗飞船的第一批宇航员顺利归来时，首先向设计师罗维表示了感谢。

如今人类进入了信息时代，技术开始从肉眼能见的转向肉眼看不见的技术，因此更显设计的重要性。如计算机软件的界面设计、网页的设计等，设计与技术的关系也越来越密切。

三、市场环境要素

“环境”原来是一个生物学用词，是包括个体在内的整个外界的称呼。环境要素主要指设计师在进行设计时的周围情况和条件。

按照系统论的观点，设计部门与企业及企业外部环境是一个统一体，是一个系统。产品设计成功与否不仅取决于设计师的水平与努力，还受到企业和外部环境要素的制约与影响。

这些外部环境要素包括的内容极广、因素众多，如政治环境、经济环境、社会环境、文化环境、科学技术环境、自然环境、国际环境……

目前我国产品设计受到的最大制约和影响的是国有企业的体制和计划经济的观念问题。由于企业曾长期处于高度集中的计划经济体制中，而这是一个完全封闭的生产系统。有位外国经济学家曾一针见血地指出，中国的企业论实质是工厂，而不是企业。工厂的体制使他们重生产过程而不重视开发，从而缺少竞争能力。大部分企业没有开展产品计划设计的工作，因此大部分企业也就没有产品设计及产品设计师，用工程师来代替产品设计师。少数设有产品设计组织的企业也大都将这一组织从属在技术部门之下，进行产品的美化工作，类似国外20世纪40～50年代的情况。我国高校工业设计专业已有十多届毕业生，然而由于没有供他们活动的舞台，大部分就业于广告、室内、展示设计等部门，而这正是工业设计三大领域中其他两个领域里的工作。

四、审美形态要素

作家在描述一个好的构思时所用的是文字，歌唱家在表达自己情感时所用的是声音，设计师们在表达自己创造性想法时所用的当然是形态。

大批量生产的机械时代的设计关键词是“形态服从功能”，以包豪斯为代表的“功能主义”所强调的抽象几何形态是排除传统修饰的形态，抽象形态的构成是从功能出发的，主要考虑是易于生产。“少就是多”的理论使得建筑和产品的抽象形态变得越来越简洁，也使建筑和产品变得越来越雷同。“一个盒子，又是一个盒子，还是一个盒子”的设计使得不同性质的物体失去了象征本身的“形态”。 从功能出发的抽象形态，强调的是物质上的需求，表达了眼睛看得见的技术。机械的每个零件都有明确的功能和形状，并能按规定加以组合。机械的正确性、合理性是这种设计的最大特点。这种以功能主义为出发点、合理主义为特征的抽象形态表现了机器的冷漠和无情，缺乏精神意味。

人类进入信息社会后，从肉眼能够见到的技术开始向肉眼看不见的技术转变，如电视、计算机、通信……这些新技术的出现，导致了设计不仅考虑产品的技术性能、物质价值，而且更加重视设计的形态意味、艺术的价值、文化的追求、色彩的感觉以及设计的附加价值。信息时代的设计开始从功能走向表现的独立。在重视功能及其合理性以外更追求产品表层的自立和表现，即物质与精神并重的共生设计。日本索尼公司在20世纪80年代后期提出了“功能服从虚构”（Function Follows Fiction）的设计观点，被世界设计界誉为“80年代的创新设计思想”。 信息时代的意味设计，并不排斥机械时代的抽象语言，而是把抽象形态的构成出发点加以改变了，用约定俗成的记号和象征手法使抽象形态产生意味。在设计中既重视简洁性和统一性，也同时注重局部的细节处理，既考虑形态语言共同的普遍性，又同时追求抽象形态的个性。在设计上不仅重视现代的表现，同时还努力反映历史文化、地域文化的自律性。抽象的意味设计反对追求“合理主义”的冷漠无情，追求充满人情味的“模糊”、“游玩”、“矛盾”、“不合理”的感情。 东芝设计中心推出的模糊电脑型电饭煲，并没有着意刻画技术上的细部，而是用一个斜圆底座和三段分割来象征日本传统的釜锅。追求日本传统的“大米文化”的意味；意大利设计家乔治·阿罗设计的新概念车身上的装饰线条象征未来空间技术的意味；德国设计家科拉尼的产品有着明显的仿生形态和生命的意味……

今天，意味设计已被人所接受，它不仅继承了机械时代的抽象几

何形态的构成方法，也继承了新包豪斯学院推出的符号学，并且对其中的西欧中心主义、功能主义、普遍主义加以修正，提倡注重地域文化的开发，人类精神的需要，个性自律性的探讨，将各种好的东西加以共生。

1.3.2 产品设计的原则

产品设计在追求创新的过程中要求有独特的个性，要体现其功能性、技术性、形式美等多方面的内容。然而并非所有具有创新点的产品都会获得市场的认可，也并非所有设计出的新产品都会被企业采纳，进行打样生产。从长远来看，每一款产品的存在都印证了一个时代的特性，它们受到社会文化的影响而产生，同时也会对社会造成一定的影响。如图1-7所示的“巴塞罗那椅”(Barcelona Chair)是现代家具设计的经典之作。巴塞罗那椅，现代家具设计的经典，为多家博物馆收藏。它由成弧形交叉状的不锈钢构架支撑真皮皮垫，非常优美而且功能化。两块长方形皮垫组成坐面（坐垫）及靠背。椅子当时采用全手工磨制，外形美观，功能实用。巴塞罗那椅的设计在当时引起轰动，地位类似于现在的概念产品。时至今日，巴塞罗那椅已经发展成一种创作风格。

图1-7 巴塞罗那椅

产品创新的设计一般要遵循以下的设计原则。

1. 针对用户需求进行创新设计

随着现代人们生活水平的提高与思想的不断进步，只是注重功能和形式上的设计手法已经无法满足人们对产品的情感需求，消费者在选择商品时所希望获得的是符合自身需求，并能体现自身品味价值的产品，它应该是富有情感的，充分考虑用户生理与心理需求的设计。因此，在对产品设计之前，对用户人群进行调研，聆听消费者的心声，捕捉使用者的情感，已成为现代设计方法的趋势。

无印良品的CD播放器给我们一种新的体验，它像一只换气扇一样挂在墙上，部件结构简约，只要把CD放进去，拉一下那根做开关的绳子，乐曲声就向风一样被缓缓吹出来，如图1-8所示。充分考虑用户使用过程及心理的产品设计，使人们更加主动地去使用，带给人以精神上的享受。

图1-8　日本深泽直人设计的壁挂式CD机

2. 针对企业需求进行创新设计

每一个企业的技术层次并不相同，技术的差异化最终造成了产品的不同。同时，企业发展的程度也并不相同，有些企业经过长期的沉淀和积累，在消费者心中已形成深刻的品牌形象及特色；而有些企业则刚刚处于发展阶段，品牌特色尚未形成。这时就要求设计必须根据企业技术能力，从品牌建立或是发展角度进行考虑。

技术始终是推动创新的首要因素。而以技术为切入点的产品设计，首要做的就是如何将新技术体现在外观上，让产品自己说话，让消费者能够直接感受到新技术的不同或特别之处。

对于没有特别技术的企业来说，暂时无法从技术上找到切入点，虽然从市场找到的切入点不能对企业起到长远的作用，但对于暂时还不能打造出真正核心竞争力技术的企业来说，也未尝不是一种方法。设计将市场营销的卖点，以设计切入点的形式融入产品外观设计中，并将其特征在设计中最大化，满足消费者对品质生活的追求。

对于有品牌积累的企业，他们要进入另一个行业时，从品牌中寻找切入点是一个相对比较快速的办法。比如飞利浦PHILIPS的品牌理念是“精于心，简于形”，而且经过了较长时间的累积和沉淀，已经在消费者心中留下深刻印象，即使进入新行业，从品牌理念切入而设计新产品，也是在情理之中，是容易被消费者认可和接收的，如图1-9所示。

图1-9　飞利浦空气净化器

3. 针对社会需求进行创新设计

好的产品创新设计除了要满足用户需求和企业需求，能够准确地传达产品的信息之外，同时也要适应社会的需求，具有更深层的内涵，即“文化”。文化是人类在不同环境下，为了生存和发展而逐渐形成的一种生活方式，在人类适应环境、改造环境的过程中，以自身的智慧创造了文化。产品的创新过程正是人类改变生活方式的过程，与其说设计是创造新产品，不如说是创造新的生活方式，设计需要一种文化意念，在逐渐的改造生活方式的过程中，适应与改造环境，创造出具有文化色彩、独树一帜，并能如融入到世界文化主流的民族性设计。设计与各方需求间的关系如图1-10所示。

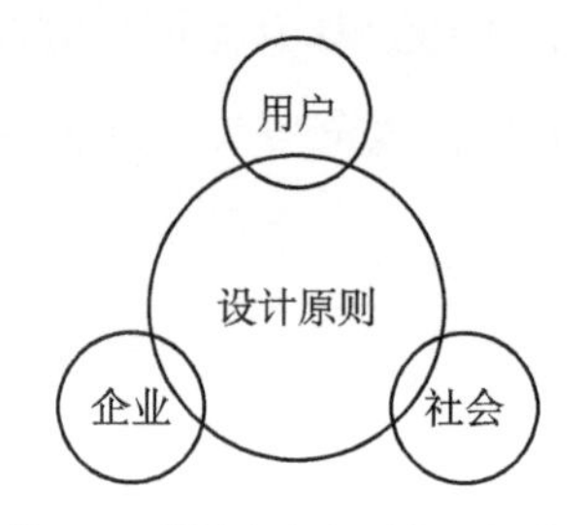

图1-10　设计与各方需求间的关系

传统文化正是具有显著特点的社会因素。它随着人类的发展而不断的充实和更新，因地域的差异呈现出不同的风格，正如我们经常提到的欧式风格、中东风格等，其中，中国的传统文化在世界文化中扮演着重要角色，它有着独特的魅力和不朽的生命力，设计如果只是纯粹为了展示表现技巧，忽略了社会传统内涵，它势必如同无源之水，终将失去生机与活力。同时，作为设计师，要意识到传统是不断发展的，今天的人们也是在为今后的人们创造传统，所以，在我们汲取传统文化应用于设计当中时，也要善于创造新的文化，以新的姿态及综合修养，引领设计方向。

课后总结与习题训练

一、要点提示

1．工业设计的概念及设计范畴是什么？

2．创新的定义是什么？什么是产品创新设计？

3．产品的设计要素是什么？

4．产品创新的设计一般要遵循的设计原则是什么？

二、思考与练习

1．产品设计的本质是什么？请列出产品设计要素中你认为最重要的三个要素。

2．请根据美籍经济学家熊彼特提出关于“创新”的包括的五种情况，分别对每一种情况列举一个产品创新发展过程的范例，并通过PPT整理后进行汇报。

三、撰写论文

根据国内外知名工业设计机构对工业设计的定义，请谈谈你对工业设计的理解，并通过查找资料列举几个知名的设计师，谈谈他们的设计事迹。

第2章 产品设计程序与方法

2.1 产品设计的方法

实际上，关于产品的设计并没有可遵循的统一方法。但是，却可以通过一些技法来激活人们的创新思维，从而产生无穷尽的创造力。下面分别探讨这些与产品创新设计相关的技法与思考方法。

2.1.1 产品设计的技法

产品设计的技法是利用某种提示或引导，对设计者进行有目的性的启发，并使其产生创新性思维或联想的一种有效途径。设计者可以集中使用某一个特定的产品设计技法，同时也可以整合多种设计途径，最终完成有目的性和创新性的产品设计解决方案。

从第1章的学习中知道，产品的设计要素包括功能、物质技术、美学三大类型。对产品设计的主要技法包括设计要素的重组与设计要素的变化两种方式。

1. 重组

重组又分为两种类型，一种是把不同类别产品的不同设计要素进行重组；另一种是将相同类别产品的相同设计要素进行重新组合。无论是哪一种重组类型，在重组过程中都要充分考虑到方案的可行性，更重要的是要考虑到重组后得到的新产品，与之前的产品相比较，能否更适应使用者的需求。

不同类别产品的不同设计要素进行重组是为了改进某一款产品，将其他类别产品的设计要素进行分解，并从中寻找适用的设计要素与目标改进产品的设计要素，通过对设计要素移植、增加等手段，改进产品的创新设计。例如录音电话分别将录音机的录音功能要素与电话机的通话功能要素进行重组，产生出新的产品；将座椅与婴儿摇篮的功能重组到一起，使产品多样化；在工具尺设计中，将圆规绘制弧线功能，以及量角器的量角功能整合在一起，产生一款新的多功能直尺。除了不同产品不同功能的重组，其他设计要素进行合理重组，同样会产生意想不到的效果。值得注意的是，产品的创新并非功能的叠加，在这个过程中要充分考虑设计的必要性与合理性，这就需要进行大量的设计调研才有可能保证设计的可实施性。示例如图2-1至图2-3所示。

图2-1　摩托罗拉录音电话

图2-2　座椅与摇篮重组设计

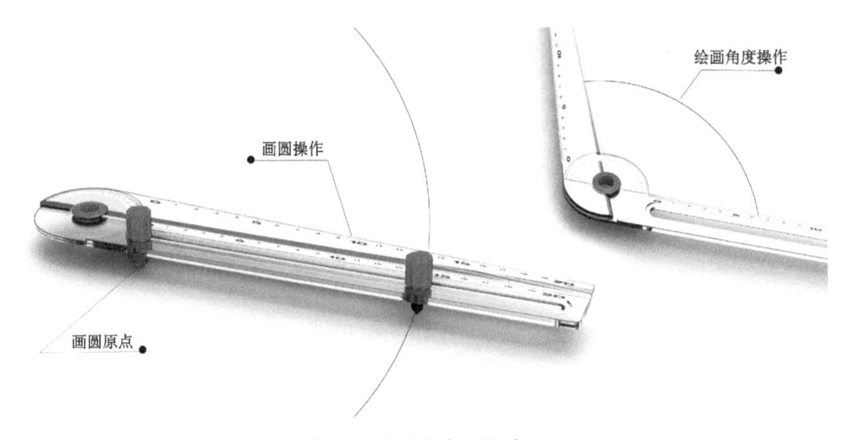

图2-3　多功能直尺设计

相同类别的产品设计中的重组则是指在同一类产品中，将各个产品的设计要素进行分解，再将相同类别的设计要素进行组合的过程。

例如电水壶的形态设计过程中，通过搜集大量图片，从而提取电水壶手柄的线型设计要素，并在新的设计产品中进行线型替换组合。

相同类别的产品重组并不局限于相同的设计要素之间，不同设计要素之间同样可以重组，例如将传统座椅中具有文化特色的形态结构提取出来，与现代休闲座椅中常用到的编藤材质进行重组，使产品不仅具有文化韵味，同时增加了舒适性，如图2-4所示。

图2-4　座椅中形态与材料重组设计

2. 改变

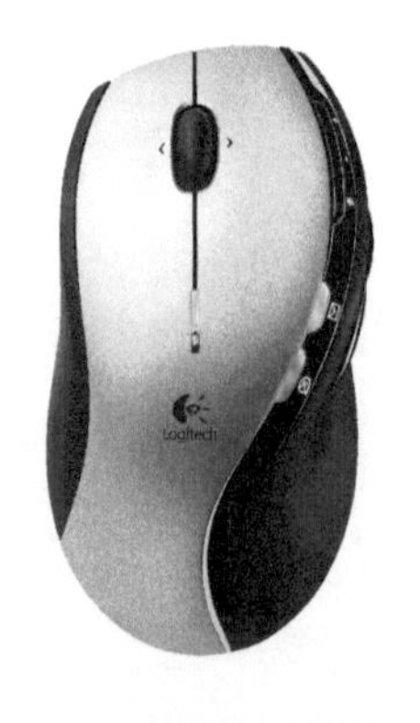

图2-5　罗技左手鼠标

改变主要是针对目标产品本身在局部或是整体上，做出形状、色彩、功能、技术等设计要素的变化。常用的手法有对设计要素进行增加和减少、放大和缩小、倒置等。例如将汽车进行加长或者缩小的设计；在设计多色圆珠笔时，将多种色彩的圆珠笔笔芯放入到一支加粗的笔管中，从而获得新产品；在设计过程中考虑到特殊人群，如左手使用者，将鼠标键位置进行倒置也属于新的设计。生活中的许多产品，仍存在使用过程中的不适，设计者通过对产品的改变，将有可能产生一个前所未有的产品，所以，作为设计师要有一双善于发现问题的眼睛。

（1）增加和减少

对现有产品的增加一些功能、肌理、色彩、气味等会产生新的设计方案，在满足不同需求的同时，也会给生产企业带来经济成本的增

加。所以，现代设计中追随“绿色设计”的理念，更多是对产品进行“减少”的设计。例如无印良品产品注重纯朴、简洁、环保、以人为本等理念，在包装与产品设计上皆无品牌标志。产品类别从铅笔、笔记本、食品到厨房的基本用具都有，如图2-5所示。

图2-6　无印良品产品

（2）放大和缩小

把现有产品形态上进行加长、加宽、加厚、加大处理，或是进行缩短、减薄的缩小处理，可以突显产品的特性。产品的放大和缩小设计一般是建立在技术发展的基础上的，苹果公司现在推出的Mac Mini与第一代电脑相比，Mac Mini的整机厚度为3.6厘米，其巨大的变化是材料、技术等多种因素相互作用发展的重要体现，如图2-7所示。

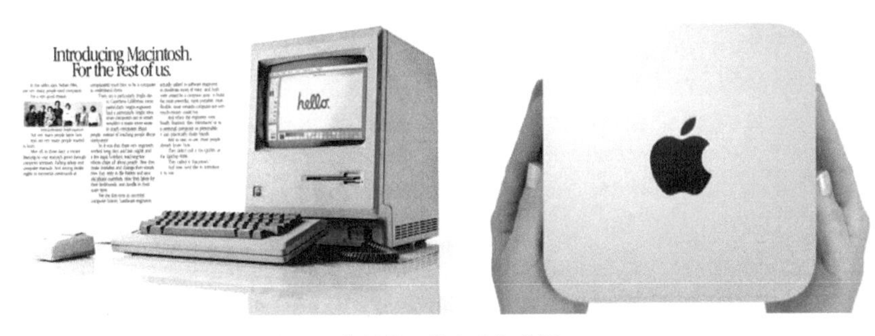

图2-7　苹果第一代电脑与苹果Mac Mini

（3）倒置

把产品的某一个或者多个形态、结构等进行位置的前后、左右、上下的置换，会产生新的设计思路。市场上的手动榨汁杯将榨汁部位设置在水杯底部，改变了榨汁部位的位置。许多产品考虑到左手操作者的使用习惯，会将左右手操作部位的结构进行变换，针对左手使用者进行设计，如图2-8所示。

图2-8　手动榨汁杯

2.1.2　产品设计的思考方法

设计中的思考方法是采用各种分析手段，把创新思维引向特定的目标。接下来将对以下几种思考方法进行着重讲解。

1. 实现目标系统思考法

该方法是日本经营合理化中心的武知考夫提出的。这种方法具有较强的逻辑性，它以某一目标的实现为动力，进行不断地推进。其步骤主要如图2-9所示。

2. 形态分析法

该方法是由美国兹维基教授提出来的。它首先寻找一个物品的特

性，然后把这些特性进行排列，最后发现它们之间的相互关系和可能的组合方式，从而选择解决问题的最佳方法。

步骤	内容
集中目标	深刻领会所要研究对象的真正目的，明确给予定义
广泛思考	发挥自由联想的效力，打破现有框框，提出多种新方案
搜索相似点	进一步发展提出的新方案，寻找各方案中的相似点，并用一个关键词给予恰当描述，针对此关键词进行强制联想，再次深化方案
系统化	把能实现同一功能的各种方案系统化，并逐一设法将这些方案应用到产品上
排队	将提出的方案按其价值的大小进行排列，予以选择和分析
具体化	将各个构思方案具体化，并与其他功能和需求研究的对象联系起来，以求整体方案的具体化
制定模式	在确定新方案细节问题的基础上制定模式，根据该模式选出能实现所需求功能的最有价值的具体化方案来作为决策提案

图2-9　目标系统思考法的步骤

以设计一种新的坐具为例，假设将人们对坐具特性的需求描述为“一种新材料的便携带坐具”。根据上述问题的思考，可以把它分为“新材料”和“便携带”两个特性，再次通过对“新材料”特性的思考，可以联想到高强高模纤维、耐热高聚物材料、轻质纤维、可生物降解材料等；通过对“便携带”特性的思考，其实现方式有折叠、收缩、拆分、组合等。这些设想如图2-10所示。

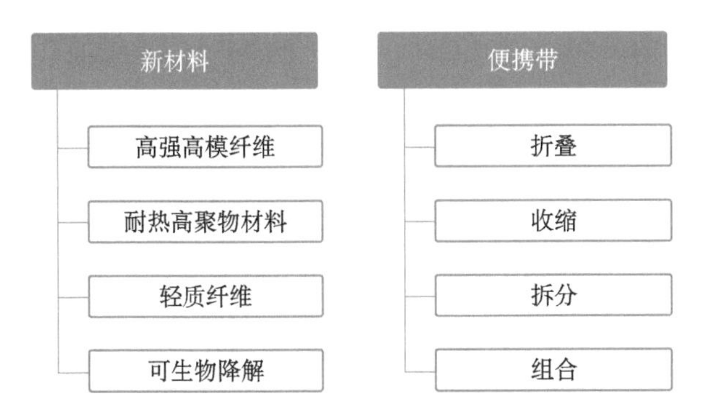

图2-10　形态分析法的步骤

根据图2-10所示，每个人都会根据自己的经验激发出不同的构思。有些人倾向于机械结构，有些人更倾向于发明性的设想，有些人怀有偶然运气的态度。以上面的设想为例，则总起来有4×4=16个可能的组合。实际上，许多方案都是从似乎可笑的想法中发展而来的，形态分析的思考方法可以提供意识到更多方案存在的线索。

3. 仿生法

仿生设计是人类实现与自然界和谐共处的重要手段，是对自然界生物系统的优异功能、形态、结构、色彩等特征的研究，有选择地在产品设计过程中应用这些特征原理创造出新的产品。利用仿生设计，使人们从人造环境中拥有重回自然的感受。

人是自然的产物，仿生设计正是“师法自然”的体现。仿生一般可以从形态仿生、功能仿生、视觉仿生和结构仿生四个方面进行。仿生主要是指在总体或局部的形态、功能、视觉和结构中模仿生物原型，这里包括了生物原型的造型、色彩、装饰、表面肌理等。雅各布森的“蚁”椅、“蛋”椅等都是仿生设计的典范，如图2-11所示。

图2-11 雅各布森的“蚁”椅和“蛋”椅

产品形态仿生设计是在充分研究自然界物质存在（包括动物、植物、微生物，以及日、月、风、雨、雷、电等）的外部形态及其象征寓意的基础上，通过对自然物外在形进行功能设定和相应的艺术处理手法后，将之应用到产品设计当中。甲壳虫汽车（见图2-12）就是一款经典的仿生形态的设计，车的造型设计有趣，而且各部分比例协调，属于黄金分割比的经典设计案例。

相比于其他三种仿生原理，形态是设计师设计理念的最重要载

体，设计师一般是通过形态设计与使用者进行沟通的，因此，在现代产品设计中，形态仿生日渐成为产品创新的一个重要方法。 形态设计一般分为以下两种。

图2-12　甲壳虫汽车形态仿生

1. 具象仿生设计

具象形态仿生设计是自然界生物形态的直接再现，是根据自然界中动物或植物等的形态、造型、色彩或图案进行构思设计，并力求最真实的再现和描绘自然界的形象，反映出设计师对美好自然的向往和情感寄托。具象形态仿生设计的设计风格直观、生动、活泼，极富生命力和亲和力，一般在玩具、日常用品以及一些装饰性的小产品中使用比较多。

具象形态仿生设计的处理手法有如下几种:

（1）具象图案。在我国古代家具上，常会应用一些吉祥具象的图案，如蝙蝠、莲花、梅花、喜鹊等，表达了人们对美好事物的向往，如图2-13所示。 如“蝙蝠”寓意“遍福”，象征幸福，如意或幸福延绵无边。

（2）整体仿生具象形态。备受世人关注的国家体育场“鸟巢”是由一系列辐射式的钢桁架围绕碗状坐席区旋转而成的，如图2-14所示。其结构科学简洁，设计新颖独特，造型更接近自然，更融入自然，象征着家的气氛，与“绿色奥运”的口号非常吻合。

图2-13　传统吉祥图案

图2-14　“鸟巢”体育馆

（3）局部仿生具象造型。比如在古典和新古典的家具中，我们经常看到很多家具的脚被设计成动物的足部，它们不但具有一定的使用功能，同时还具有强烈的装饰意味。

2. 抽象仿生设计

抽象形态是在自然形态的基础上演变而来的，它来源于自然形态又不同于自然形态。抽象形态设计通过简单的形体反映事物的本质特征，它是通过联想和创造性思维，以及对比、混合、分割、重复、渐变等形式法则或组合视觉审美元素，将自然界具体的、精细的生物形态，经过归纳和总结，演变成抽象的、粗犷的、单纯的形态，使形态表现出节奏感和秩序美。这种艺术设计手法会因设计师不同的生活经验、不同的抽象方法、不同的表现手法，并通过设计的产品为载体蕴涵设计师不同的审美、思想和情感，使得产品更显个性化和趣味性。

因此，形态的高度简单化和概括化、丰富的联想性和想象性以及同一具象形态的抽象形态的多样性是抽象形态仿生设计的主要特点。

2.2　产品设计的程序

产品设计的程序有多种划分，但创造活动永远存在于中间部位，客观分析则存在于其前后。它的整个过程可以理解为发现问题并解决问题的过程，所以，对于一个企业而言，问题能否解决，不仅关系到一个成功产品的诞生，更甚至于一个企业的命运。

2.2.1　寻找产品缺口

在对某一产品进行设计之前，需要找出现有产品存在的缺口，即发现问题的过程。我们在做设计的时候往往会忽略这一点，只是沉浸于个人的设计当中，当产品设计出来之后，才发现自己设计的产品在市场上早已存在，或是缺乏创新度。这里就涉及如何去寻找产品的缺口的问题，问题的存在不外乎三种：一是自然产生的；二是由别人给予的；三是自己去发现的。通常情况下，产品缺口的寻找，大部分是靠设计者自己去发现的，这就需要设计者善于观察生活，在生活过程中找到设计的来源。

2.2.2　设计目标的确立

在寻找到一些产品的缺口之后，我们得到现有产品存在多个问题，在这些问题当中或者涉及产品的功能有待改进，或者涉及产品的人机科学性，再或者涉及人们使用过程的心理等等，显而易见，我们很难做到解决所有产品存在的问题，这时设计目标的确定成为我们首要解决掉的问题。考虑到设计“以人为本”的理念，接下来需要做的是明确哪些问题是用户关心的，这时需要把人、产品、环境视为一个统一的整体，综合分析影响整个系统的相关因素，如外观的愉悦性，使用过程中的安全性、易操作性，后期的维护与部件更换等因素，并对各个因素做到一定的平衡，评选出重要的影响因素作为设计的目标。

其中，以人为本的设计理念正是基于人本性的产品开发，也是设计目标确定的重要思考方向。人本性泛指人类自身特性，这里所指的人本性，主要是基于产品构成的人类自身特性。人类自身特性的形成是由多方面因素决定的，其中既有内部的文化知识水平和结构、道德修养职业爱好、年龄、性别、经济条件、审美标准等，也有外部的家庭环境、工作环境、社会综合环境等等，它们从多方面决定着人类自身特性的形成和发展。不同层次的需求分析如图2-15所示。

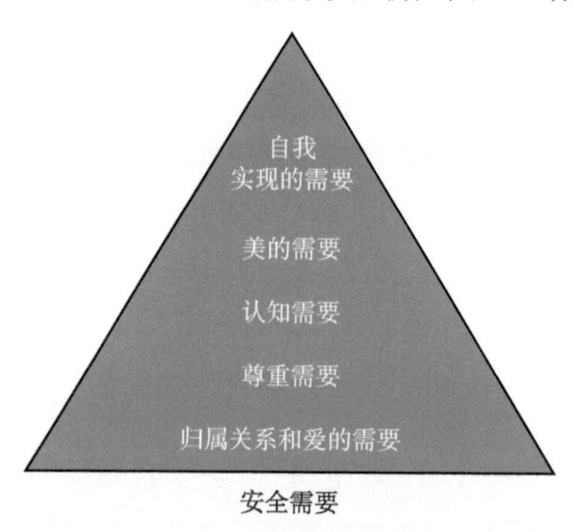

图2-15　不同层次的需求分析

2.2.3　设计调查

在对设计目标进行确定之后，需要对产品做出相关的调查，主要包括使用人群的调查、竞争对象的调查、产品使用环境的调查。

对使用人群进行调查首先要确定产品的适用人群，如产品的使用对象是针对国内消费者还是国外消费者，这两者之间存在较大的文化差异，所以在设计之前必须要清楚销售对象；同样，不同性别、年

龄、知识背景等的人群对产品的要求也不相同，一般情况下，男性多喜好阳刚、稳定感较强的产品造型，而女性则喜好流畅、柔和的造型。此外还要考虑到老年人、婴幼儿、有身体缺陷等特殊人群的特殊要求。

对竞争对象的调查又包括相关产品的调查、竞争对手的调查等。相关产品的调查是指调查的产品种类等。竞争对手的调查首先要明确同类产品的竞争厂商有哪些，并对他们产品的优势与劣势进行统计分析，同时还要调查竞争对象的销售策略，寻找适合自身的最佳产品设计及销售策略。其信息主要通过媒体、日常生活经验、问卷调查等方式获取，并对产品的市场前景内部进行商讨，以确定其产品对市场的需求价值、产品的技术可行性、产品的价格预算、产品的定价、市场对产品的外观、色彩趋势见解、产品的功能考虑、产品的包装考虑、产品的销售渠道考虑等内容。

产品使用环境的调查包括产品使用自然环境、经济环境、文化环境等的调查。如产品使用的场地，是在室内使用还是在室外使用；产品使用的地域不同，其文化环境也会不相同。

2.2.4 产品分析

产品的分析主要是指产品风格的分析，在对产品调查的基础上，搜集大量国内外相关产品，利用坐标系统分析法，实现产品设计趋势与风格的分析。下面以高校纪念品设计为例，举例说明。

目前某些高校纪念品如图2-16所示。其中，一些实用性的高校纪念品，如图2-17所示。一些纪念性的高校纪念品如图2-18所示。

通过以上调查可以发现，礼品在其功能上主要分为实用性和纪念性两类。

利用坐标系统分析法，对现有产品进行趋势解读，可以分析出，目前市场上的校园礼品主要集中在A、B两个区域，其中，A区域为实用性的低中价格产品，B区域为纪念性的高价格产品，如图2-19所示。

重庆工商大学

清华大学

山西大学

复旦大学

复旦大学

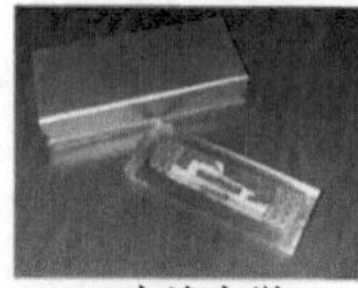
大连大学

北京大学

大连交通大学

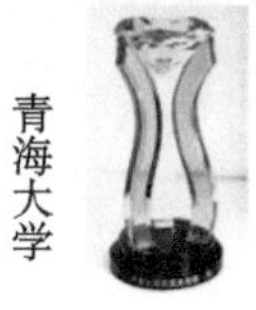
青海大学

大连大学

南京大学

浙江大学

图2-16　某些高校纪念品

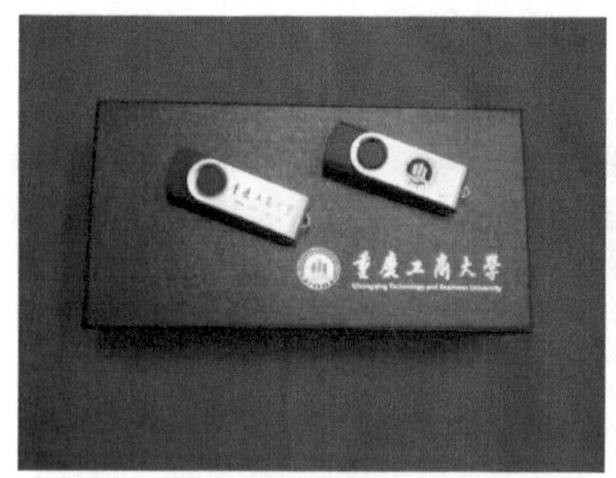

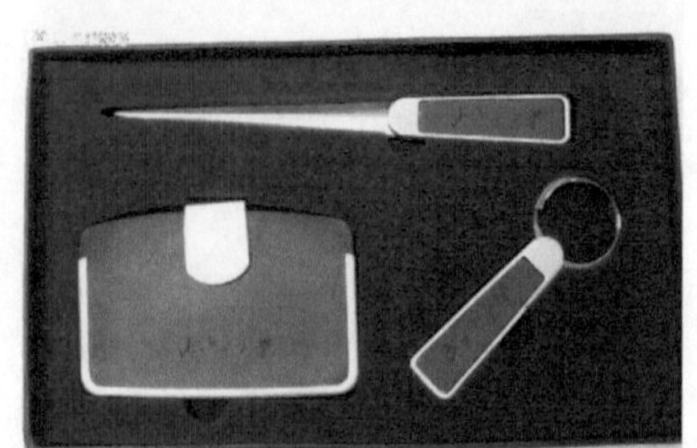

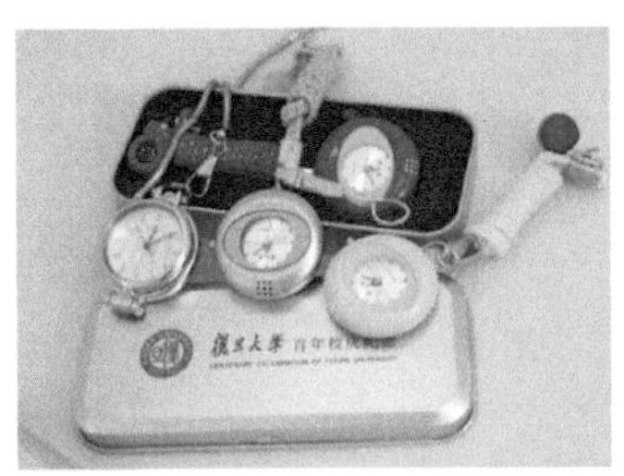

图2-17　具有实用性的高校纪念品设计

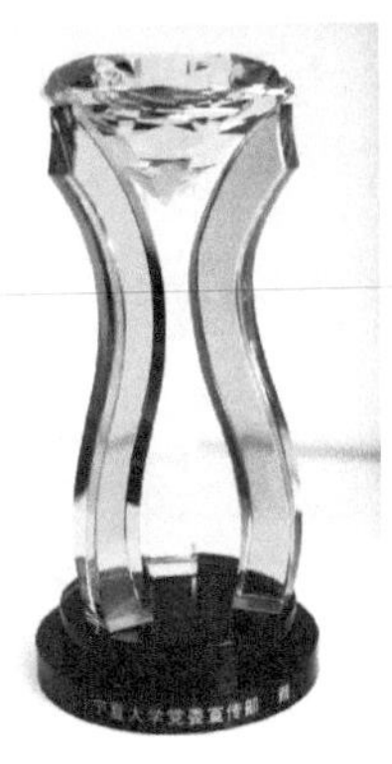

图2-18　具有纪念性的高校纪念品设计

实用性 ↓

- 办公组合 ↓
  - 书签
  - 钢笔
  - 台历
  - 名片夹
  - 笔筒
  - ……
- USB类电脑周边电器 ↓
  - U盘
  - 电子相册
  - 加湿器
  - ……
- 日用品 ↓
  - 碗
  - 筷子
  - ……
- 服装 ↓
  - 文化衫
  - 鸭舌帽
  - ……

纪念性 ↓

奖杯　花瓶　模型

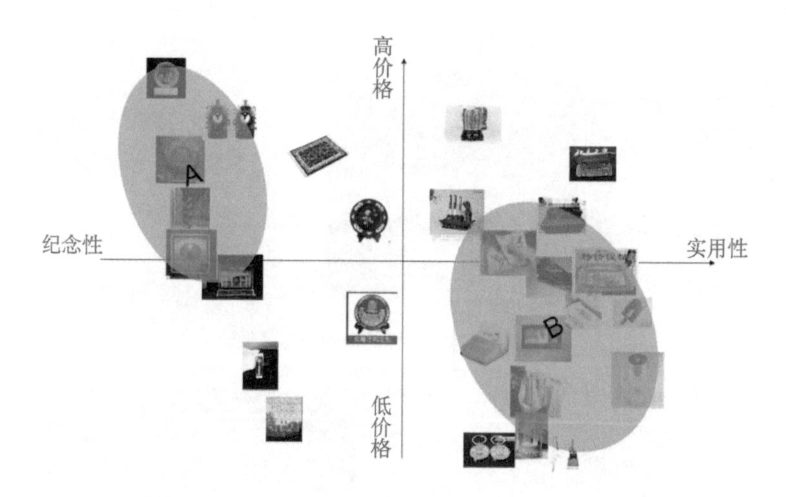

图2–19　利用坐标系统分析法对现有产品进行趋势解读

2.2.5　产品定位

产品的定位，简单地讲，就是要确定针对怎样的人群，设计出在什么环境下使用的风格及特征的产品，这些特征可能涉及产品外观、功能、技术等多方面因素，以及我们要达到什么样的目的，如经济效益、情感关怀等。以上文的高校纪念品设计为例，我们可以这样进行产品定位：为高校毕业生留作纪念的、具有一定功能性的中低档高校纪念品。

好的定位可以快速确立商品在市场中的位置，也是商品获得成功的基础。产品定位即企业决定把产品当作什么东西来生产和销售。以生产小汽车为例，如果把它定位在“代步工具”上，那么，在生产和销售过程中，就应该强调其操作简单，安全方便，节油价廉；如果把它定位在“身份的象征”上，那么，在生产和销售过程中，就应突出其豪华、奢侈、舒适、高价。换言之，产品定位，是企业根据自身条件、同行业竞争对手的产品状况、消费者对某种产品属性或产品的某种属性的重视程度等方面的了解，为自己的产品规定一定的市场地位，创造、培养一定特色，树立一定的市场形象，以满足市场的某种需要和偏爱。路虎揽胜和马自达6两款车定位明显不同如图2-20所示。

图2-20 路虎揽胜和马自达6两款车定位明显不同

2.2.6 新产品设计的实施

在前期工作的基础上，将要进行方案的设计工作。对于产品设计，草图的绘制往往是不可缺少的。在产品的构思过程中，会有大量的想法出现在脑海中，这其中不乏许多有价值的创意，然而这些想法往往会一闪而过，草图就成为快速记录这些想法的有效方法。在草图中进行初步的筛选，寻找出符合产品定位的几款草图方案作为发展方案。不可忽略的是对发展方案做出专利的审查，这个过程中会除去与已有专利的重复部分，避免了企业在产品因投产之后带来的知识产权上的争议，从而引发不必要的损失。通过计算机软件做出初步的效果图绘制以后，与设计需求客户交流初步选定方案，接下来对选定的方案进行修改与完善。以下是产品设计的主要内容。

（1）产品功能

- 使用功能。
- 审美功能：功能型产品（偏向功能）；风格型产品（偏向外观）；身份型产品（更偏向精神文化）。

（2）产品结构

- 内部结构。
- 机械部分：壳体、箱体结构设计；链接与固定结构设计；连续运动结构设计；往复、间歇运动机构设计；密封结构设计；安全结构设计；绿色结构设计。

（3）产品电路图

根据产品结构等信息设计出产品的电路图。

（4）产品材料

了解产品材料的种类、用途、安全性、注意事项、属性；材料的色彩；材料的价格。

（5）产品外观设计

产品外观设计时要形状、图案、色彩元素，三者有机统一。

（6）产品色彩设计

产品色彩设计时要注意色彩功能（冷色调、暖色调）、色彩设计、色彩搭配。

（7）产品包装

产品包装必须注意彰显产品的品牌认知度；材质的选用；色彩；造型；结构；成本规划。

2.2.7 产品优化

在产品的外观与功能确定以后，要对其内部结构进行设计，这个过程同样会发现之前设计过程中存在的问题。整个产品的确定就是在不断地发现问题与改进问题中进行的。

在对产品进行了计算机模型的创建之后，还要对实物模型进行加工制作。实物模型的制作有助于发现产品使用过程中存在的缺陷，也是校验产品设计是否存在不合理性的过程。

2.2.8 产品生产

产品生产过程并非一次性投产过程，势必经过多批次的生产，每一批次生产的产品也绝非“盖棺定论”的产品。当产品设计完成以后需进行产品的打样，通过产品的样品对市场再进行一次数据统计和分析，从而避免产品的直接开发导致流入市场的不确定性，进而导致公司损失。通过样品可以再度确定其市场的不确定性，从而进行市场

的再确定，使产品最终更加完善市场需求，大大减少了公司的盲目造成的损失。最终确定样品成型后，要对产品进行小规模的产品开发，并找不同的生产商生产产品，使其产品成本降到最低。产品开发完成后，接下来的工作就是做流入市场的准备，如产品的商标注册认证，产品的许可证等一切与产品相关的生产许可证证明。做好流入市场的准备后，接下来的工作就是正式打入市场，先小规模地对市场进行试探，根据市场的销量情况和后期顾客的评论回顾情况再决定是否继续生产。

2.2.9　产品信息反馈

产品信息的反馈过程是使用者对产品使用评价，以及产品上市效果反馈的过程，这关系到后续新产品的改良设计方向。不难发现，好的产品一般会经历多代的设计改良与生产，而通过调查问卷等多种方式获得的产品信息反馈，将是提高设计效率与产品效果等的有效途径。

课后总结与习题训练

一、要点提示

1. 产品设计方法；

2. 产品设计的程序（流程）；

3. 利用坐标系统分析法对现有产品进行趋势解读。

二、思考与练习

1. 产品设计的方法有哪些?

2. 产品设计的完整流程是怎样的?

3. 仿生设计一般分为哪几个过程？常用的形态仿生手法有哪些?

4. 设计定位一般从哪几方面进行?

三、设计分析

请列举一款产品设计，分析其完整的设计流程。另外，请用坐标系统分析法对该产品进行趋势解读和设计定位，确定未来设计方向。

第3章

创新设计思维

目前对“思维”存在两种解释。第一种是“人脑对客观事物进行分析、综合、判断、推理的活动过程”。第二种是“人脑对客观事物间接的和概括的反映，它既能动地反映客观世界，又能动地反作用于客观世界”。思维一般包括逻辑思维和创造性思维两种，如图3-1所示，一般按照一定方向思考、按照一定程序去想的思维，我们称之为“逻辑思维”；相反的，不按照一定方向、一定程序思考的思维，我们称之为“创造性思维”。作为设计者的思维往往要更倾向于后者，即要具有创造性的思维。

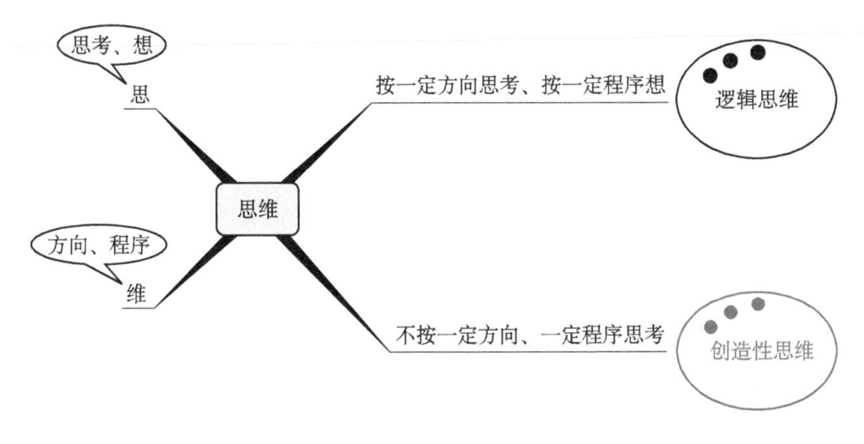

图3-1　思维图解

3.1　设计思维的目的

创造性思维是由判断力、知识面、信息量等手段相互支持才得以成立的，从设计创造的角度来说，感觉、信息的积累、知识与修养，再加上判断力，才能准确地把握好设计的创意。

设计是一种创造，这种创造是对事与物筹划过程中的一种创意的形成，也是所有物质方式中最接近意识的部分。它有多种呈现方式，开始或许是稍纵即逝的灵感，最终是文稿或设计图。创意是长期感悟的结果，创造性思维是设计的命脉。在人类未来的生活方式的创造中，设计是一种智力资源，它以那些有着生动灵活的、充满新锐的创意，引领我们去触摸、去追求一种更高品质的生活，为平淡的生活增添一份温馨的色彩。

创造力是创新设计思维的最终目的，创造力是建立在观察、想象、思维和操作等诸多能力基础上的一种更高的综合能力。创造力包括：思维的流畅性（产生大量设想的能力）；思维的灵活性（对问题提出不同解决方法的能力）；思维的独创性（提出独到设想的能力）；思维的精细性（发展和装饰设想的能力）；对问题的敏感性（提出恰当问题的能力）；思维转换力（把一种设想和方案转换为另一种设想和方案的能力）；想象力（心理构图和驾驭设想的能力）；评价力（估计方案适宜性的能力）。

3.2 设计思维的影响因素

人们反复思考同类问题，在头脑中形成的一种固定的思维程序和思维模式，若再遇到类似的问题，思维活动便会自然地沿着形成的思维程序和思维模式进行思考，也就是思维定势，其形成如图3-2所示。设计师的设计思维就可能被固定的职业和戒律所约束，只有把自己的世界观还原成社会人，把设计不只是当成一份工作，创意才不只是一项任务，生命才不会虚度。

社会人是怎样的状态呢？社会人具备一切常人所有的情感要素。这样的设计师在创作的过程中，目光并不是只聚焦在产品上，还包含着对生命的洞察和热爱，对社会的理解和智慧，对问题的关注和参与。要达到这样的境界，要有终极关怀的情愫，有忧患意识，学会用设计赞美一切人性的美，弘扬一切人性的善。这是一切“以人为本”

为宗旨的设计思维的出发点，这样的作品才能打动人心。

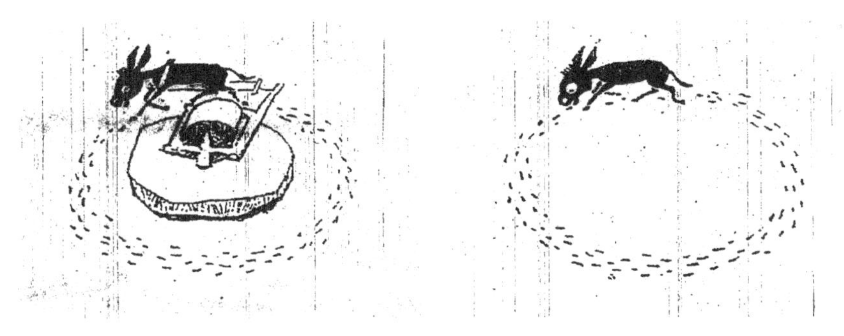

图3-2　思维定势形成

在设计的过程中，影响设计思维的因素有很多，比如社会大众的审美趋向、客户的要求以及设计本身的一些制约等。作为一个设计任务的完成者，也是社会文化的缔造者，优秀的设计师会对社会上的设计文化思潮产生重要的影响。这也就决定了设计应当有更高层次的追求，是在设计的混乱与无度中浑水摸鱼，还是高举审美理性的大旗，为设计的社会审美舆论作正确的导向，这种反思当然源自设计师对自身价值的判断。

设计又不应该只是为一小部分人的短暂物质享受服务，更应着眼于全人类的利益。许多具有社会责任感的设计师开始逐渐关注所有的社会群体，而不再仅是发达地区的富裕阶层。他们开始将自己的设计原则屹立于泛人类的广义的生存之道上，而不再为那些为了眼前利益而牺牲整个地球未来的人服务。他们的设计作品评判原则的中心正逐渐从物质层面的便利、快速、科技、耐用、舒适，转向精神层面的人文、自然、个性化、手工感，并试图引发人们长远的思考。

设计师应具有环保设计的观念，这是现代设计师应有的良知和责任。进入新世纪设计师所担负的使命比过去任何一个时期都艰辛，他们必须面对许多新问题：要关注产品设计—生产—消费的方法和过程；要有效地利用有限资源和使用可回收材料制成的产品，以减少一次性产品的使用，如材料的选择、结构功能、制造过程、包装方式、储运方式、产品使用和废品处理等诸方面，全方位考虑资源利用和环境影响及解决方法。在设计过程中应把降低能耗、易于拆卸、使材料和部件能够循环使用，把产品的性能、质量、成本与环境指数列入同等的设计指标，使更多无污染的绿色产品进入市场。

3.3 创新思维的三要素

创新思维跟一般的思维是不一样的。一般的思维，我们大家都知道，其方式是从概念、判断到推理，感觉、知觉到记忆，但是创新思维不是这种一般的思维方式。创新思维就是以超常规乃至反常规的眼界视角和方法去观察并处理问题，不是用一般的方法，在这里我们的视角是跟一般常规的视角是不一样的。同时还要提出与众不同的解决问题的方案，方案还要是新的。如果这个方案不新，光有新的视角拿不出新的方案这也不叫创新思维；第三点这个方案拿出来了运用到社会实践中还得需要我们的创造能力，主题创造能力带来一种新的变化，符合这三点的思维才是创新思维。总之，要成为创新思维要求必须具备以下三点：第一，创新思维必须有新的视角，看一个问题不能用旧的视角、老的观点，那是不行的，不可能产生新的思维方式、新的思维内容；第二方案必须是新的。方案的新，在于我们通过新的视角，拿出来一种新的解决问题的方案；第三，要求提升人们的主体创新能力。如果不符合这三点，这种思维就不是创新思维。

3.4 创新设计思维的种类

3.4.1 想象思维

设计艺术家的想象活动，往往是以记忆中的生活表象为起点，通过以往的体验、记忆，运用各种手段，再将这些记忆组合，并从中产生新的艺术形象。因此，无论从事哪一类的艺术创造，都离不开想象思维。

随着现代科技的高速发展，人类社会的不断进步，现代人的精神生活与物质生活素质越来越高，因而对现代设计师的设计要求也越来越高，作为一个现代设计师要想创造出好的设计作品，设计师本身必须具备一种超然的想象思维。许多优秀设计作品的创作经历无不证

明，想象思维蕴藏着极大的创造力。

设计师在想象时，应打破惯性思维的方式，采取逆向型思维方式，并持“怀疑一切”的态度，方能使自己的设计别具一格，富有新意。例如联想思维如图3-3所示。

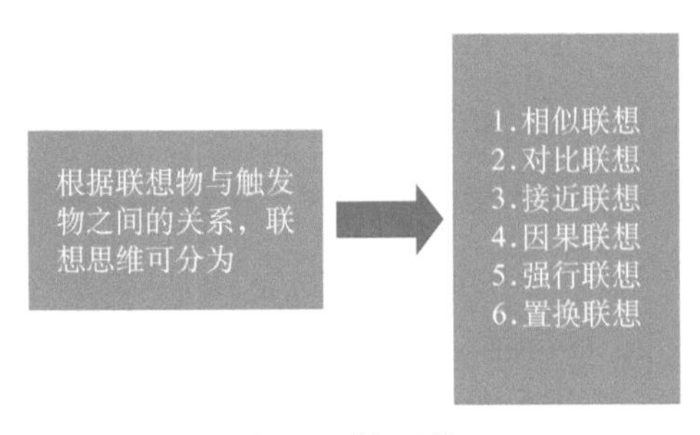

图3-3 联想思维

设计师不应仅仅只追求注重产品的外形设计，而应有研究社会、研究科学的能力，学会想象思维，把复杂的因素，甚至毫不相干的因素，从各个不同角度去构想、设计。

想象力是艺术人才创意最基本也是最重要的一种思维方式，也是评价艺术工作者素质及能力的要素之一。想象力是在事物之间搭上关系，就是寻求、发现、评价、组合事物之间相关的关系。更进一步地讲，想象力就是如何以有关的、可信的、品调高的方式，在以前无关的事物之间建立一种新的有意义的关系。这种思维方式就是在根本没有联系的事物之间找到相似之处。可以说，具有想象思维能力的人，有着敏锐深邃的洞察力，能在混杂的表面事物中抓住本质特征去联想，能从不相似处察觉到相似，然后进行逻辑联系，把风马牛不相及的事物联系在一起。

3.4.2 顺向性创新思维

什么叫顺向性创新思维？也就是说能够完整地掌握和忠实地传承已有的知识系统，并对该知识系统进行延伸和发展。从这个意义上来说创新就是向深度和广度对某些问题的挖掘和探寻。

创新思维小故事

张三和李四两个人被分到同一个单位，两个人都是大学毕业后分到同一个单位的，干了若干年以后张三被领导提拔了，提拔成助理，李四闻风没动，李四就有点不大服气，凭什么提拔他而不提拔我？上学的时候我还是学习委员呢。一到两个人合作的时候李四就有点不大配合了。领导知道后，有一天就把张三、李四叫到办公室，说张三、李四啊你俩都过来，张三、李四就去了。去了以后，领导说，今天你们俩都到菜市场去给我看看蔬菜的价钱。两个人一听，去蔬菜市场看蔬菜的价钱这是多么简单的事情，但是都不知道这是领导要考自己的。好，两个人分头就去了。过了一会李四回来了，蔬菜市场的价钱那么多，怎么办呢？把蔬菜市场的价钱整个菜名和这个价钱列了一个清单，清清楚楚地列出来，好记性比不上用笔记下来，这个时候黄瓜、青椒、萝卜、白菜等等多少钱一斤记了下来，好，给领导一交，你看看，蔬菜市场上菜的价钱都打听出来了。这个领导一看，还是很认真的，清清楚楚。过了一会张三也回来了，张三比李四迟了一点，张三也是列了一个清单，两个人不约而同地都对领导布置的任务完成得很认真。张三也把黄瓜、青椒，萝卜、白菜、大蒜这个清单列出来了，老总一看跟李四几乎差不多，都是同一天，同一个菜市场会有什么不一样呢？在这个时候张三说，领导，我又问了市场管理部门，问他们最近市场上菜的价钱整体走势如何？他们告诉我最近市场上菜的价钱整体走势比较平稳，没有出现大起大落。我又问这批菜是从哪儿运过来的？他们告诉我这批菜是从某一个蔬菜基地运过来的。这个蔬菜基地在生产蔬菜的时候从来不用化肥和农药，用的都是有机肥，是绿色无公害食品。我把那个卖菜的已经叫到咱们单位门口了，还在外面等着，我就是过来跟你商量，如果咱们要是买菜买得多，我可以把他叫进来，咱们可以当面讨价还价，说不定咱们还可以走个批发价。布置的任务是一样的，但李四仅仅停留在打听这个菜市场菜的价钱，而张三就在想领导让我看市场上菜的价钱是想干什么？你要让我看菜

的价钱干什么，一定是想买菜，买菜需要做哪些工作？领导有时候给你布置了任务，不一定把所有的细节都告诉你。该干什么，怎么样干，都是你自己的事，有时候办任务就是这样，在这个大的任务下面怎么样去把大的任务完成，根据你自己的具体情况去很好地跟这个任务结合起来。这就是要对原有的这种知识系统进行延伸和发展。张三考虑到领导让我去看菜市场的价钱一定想买菜，买菜需要做什么工作？首先要看菜市场菜的价钱。这个菜市场菜的价钱如果波动太大，恐怕这个时候去买菜心里不踏实。第二个就是菜的质量怎么样？如果菜不是绿色无公害食品，我们都不放心，这一看打听出来了，是绿色无公害食品，没关系，就可以大胆地买吧，而且把卖菜的已经叫到单位的门口，这个人是搞批发的，还负责和他讨价还价，说不定走个批发价。这就是对原有的知识系统进行延伸和发展才会出新东西。

人类创造了许多知识，光停留在会背会记是没有用的，一定要对原有的知识进行延伸和发展，而顺向性创新思维正是这种沿着问题一直思考的创新思维方式。顺向性创新思维思考过程如图3-4所示。

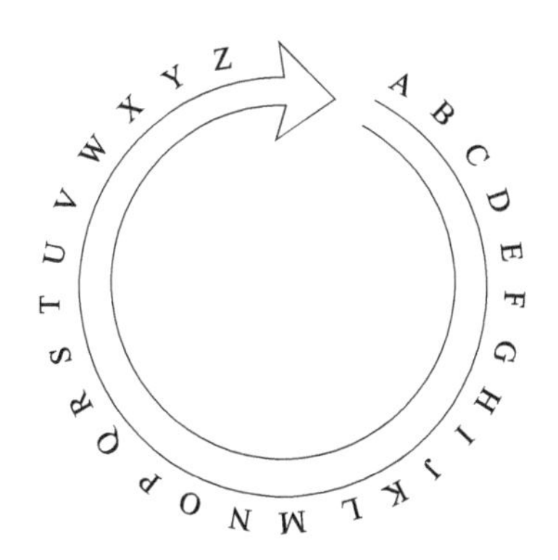

图3-4　顺向性创新思维思考过程

3.4.3　逆向思维

所谓逆向思维，就是从相反的方向去考虑，逆向思维往往表现为对现存秩序和既有认识的反动。从某种程度上说它是对固有的、公认的“真理”进行大胆地怀疑，也是人类对未知领域的一种追根究底的探索。逆向思维是一种行之有效的科学的思维形式。

逆向设计是利用反方向的思维方式，将人的思路引向相反的方向，从常规的设计观念中剥离出来，进行新的创意方式和设计方法。逆向设计往往能取得出其不意之效果。

将合理与不合理、逻辑与非逻辑，似又不似，亦此亦彼等手法糅合交织在一起，正是客观世界中美与丑，真与假，现象与本质对立统一的辩证关系的集中体现。那些表面上的离奇，却往往隐伏着意义的关联；决然相反的事物却有形态的一致；荒谬的组合却透出更深刻的逻辑和真理。因此，逆向性设计的创造不是故弄玄虚、哗众取宠，也不是胡编乱造、荒诞不经，而是设计者在更高层面上的理性和智慧对现代设计的精心把握与营造，是在更为全面和严格的秩序中追求突破和精确，人们透过设计中天马行空、神奇诡异的大胆构想，深刻地感受到作品或警言醒示，或诙谐幽默，至情至理的视觉享受。逆向思维设计的方式如图3-5所示。通过逆向思维设计的家具如图3-6所示。

创新思维小故事

加里·沙克是一个具有犹太血统的老人，退休后，在学校附近买了一间简陋的房子。住下的前几个星期还很安静，不久后有3个年轻人开始在附近踢垃圾桶闹着玩。老人受不了这些噪音，出去跟年轻人谈判。“你们玩得真开心。”他说，“我喜欢看你们玩得这样高兴。如果你们每天都来踢垃圾桶，我将每天给你们每人一块钱。” 3个年轻人很高兴，更加卖力地表演“足下功夫”。不料三天后，老人忧愁地说：“通货膨胀减少了我的收入，从明天起，只能给你们每人五毛钱了。”年轻人显得不大开心，但还是接受了老人的条件。他们每天继续去踢垃圾桶。一周后，老人又对他们说：“最近没有收到养老金支票，对不起，每天只能给两毛了。”“两毛钱？”一个年轻人脸色发青，“我们才不会为了区区两毛钱浪费宝贵的时间在这里表演呢，不干了!”从此以后，老人又过上了安静的日子。这则故事里，如果是使用强制性

的方法肯定是行不通的，而沙克老人运用了逆向思维的方法，让3个年轻人觉得踢球对自己没有好处，这样事情的发展就在沙克的掌握之中了。其实在很多场合我们都可以学习这种逆向的创新思维。

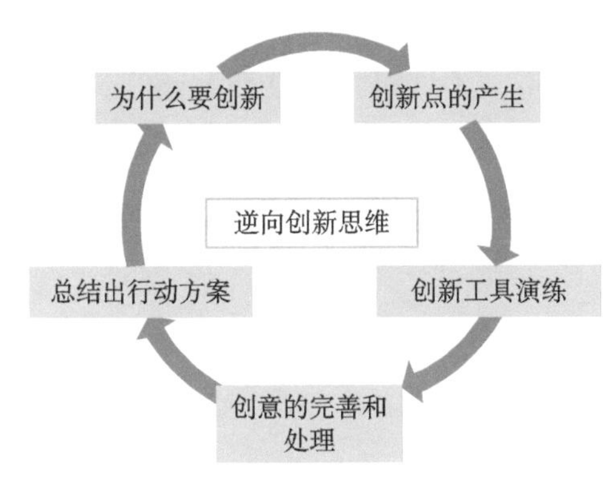

图3-5　逆向思维设计的方式

图3-6　通过逆向思维设计的家具

3.4.4　仿生思维

在设计中注重功能仿生的运用，对自然生物的功能结构进行提炼概括，然后依照自然生物的形态结构特征，研究开发出既有一定使用价值，又能呈现出自然形态美感和功能的产品。

注重产品设计功能性的仿生，可以从极为普通而平常的生物结构功能上领悟出深刻的功能结构原理，并从生物的结构上、功能上获得直接或间接的形态造型启发，继而对工业产品进行创造性的开发与原创性的设计。

人们在长期向大自然学习的过程中形成了仿生设计，经过经验的积累、选择和改进自然物体的功能、形态，创造出更为优良的产品设计。当今的数字化时代，人们对产品设计的要求和以往已经大不相同，既注重产品功能的优良特性，又要追求产品清新、自然形态的美感，同时还要注重产品的返璞归真和个性。

仿生设计的运用，不但可以创造结构精巧、用材合理、功能完备、美妙绝伦的产品，同时也赋予了产品形态以生命的象征，让设计回归自然，增进人类与自然的统一。 示例如图3-7至图3-9所示。

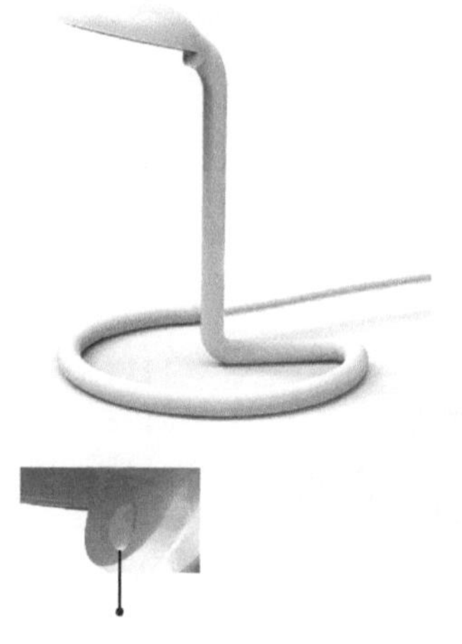

图3-7 台灯仿生设计

图3-8 仿生思维设计的蛋黄蛋清分离器

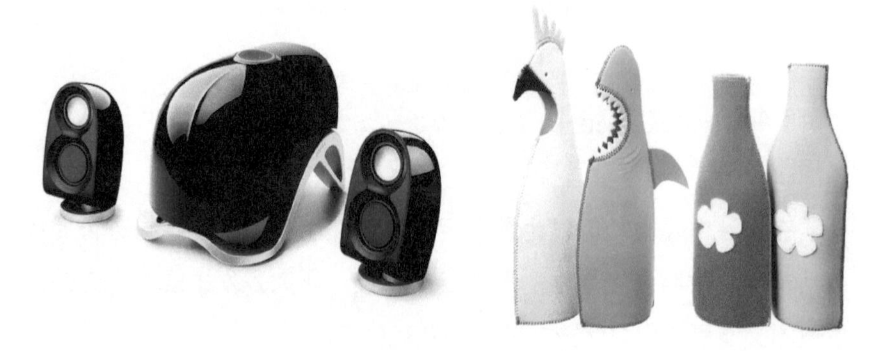

图3-9 仿生思维设计的产品

3.4.5 头脑风暴式思维

当一群人围绕一个特定的兴趣领域产生新观点的时候，这种情

境就叫做头脑风暴。由于会议使用了没有拘束的规则，人们就能够更自由地思考，进入思想的新区域，从而产生很多的新观点和问题解决方法。头脑风暴是产生新观点的一个过程，也是使用一系列激励和引发新观点的特定的规则和技巧，这些新观点在普通情况下是无法产生的。头脑风暴式思维扩散图如图3-10所示。头脑风暴设计创意手绘过程如图3-11所示。

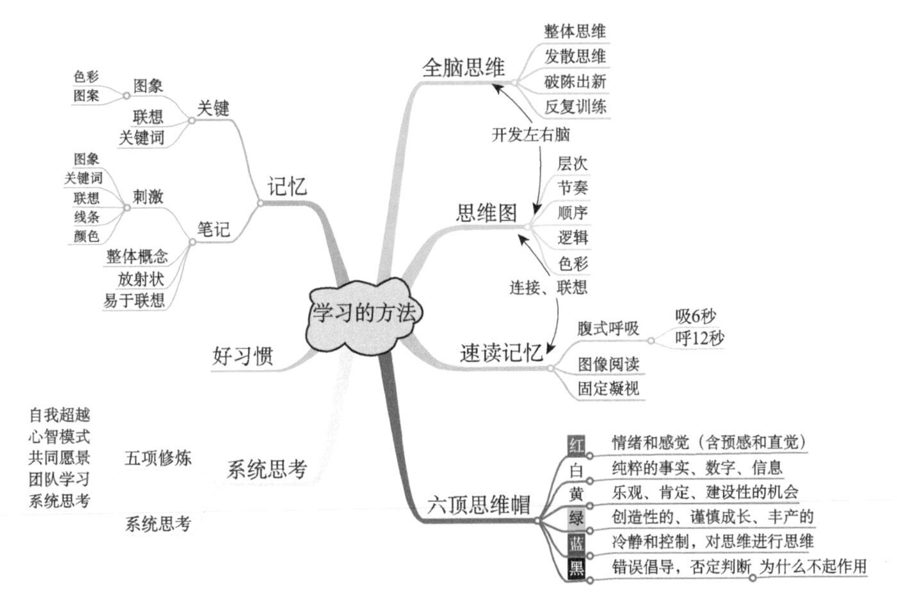

图3-10 头脑风暴式思维扩散图

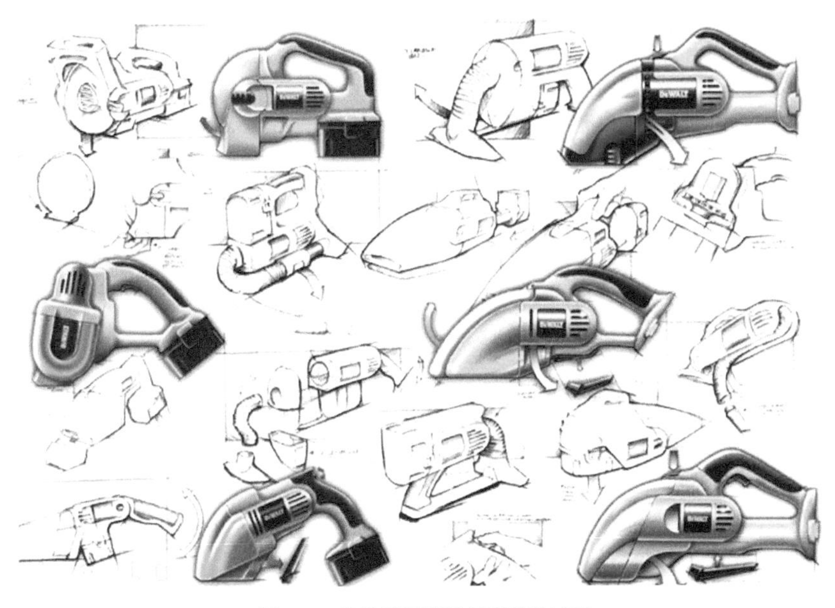

图3-11 头脑风暴设计创意手绘过程

头脑风暴设计案例解析

（一）原始案例名称

头脑风暴法在美的智能空调扇概念设计项目中的实施

（二）来源企业（工程、项目、课题等）情况简介

1. 智能空调扇概念设计项目情况简介

智能空调扇概念设计项目是2009年涟漪工业设计公司与美的集团合作，由涟漪工业设计公司负责开发和设计，美的公司负责出资和生产，旨在开发设计一款智能、舒适而且外观时尚的空调扇设计。项目的适用人群定位在中青年一代。在功能上，此空调概念风扇设计必须是一种全新概念的风扇，兼具送风、制冷、取暖和净化空气、加湿等多功能于一身，以水为介质，可送出低于室温的冷风，也可送出温暖湿润的风。与电风扇相比，更有清新空气、清除异味的功能。同时价格要具亲和力，定位于空调和风扇之间。

2. 企业情况介绍

涟漪工业设计是广州最为新锐的一家工业产品设计公司，拥有丰富的产品市场调研、产品开发策划、工业设计创意经验，代表了中国设计行业的新形象和新标准；是集工业设计、产品创意、外观设计、结构设计、样机制作及品牌整合、平面设计为一体的工业设计技术机构。

3. 原始案例内容

（1）头脑风暴法介绍

头脑风暴法由现代创造学的创始人，美国学者阿历克斯·奥斯本于1938年首次提出。头脑风暴（brainstorming）原指精神病患者头脑中短时间出现的思维紊乱现象，病人会产生大量的胡思乱想。奥斯本借用这个概念来比喻思维高度活跃，打破常规的思维方式而产生大量创造性设想的状况。头脑风暴法是一种依靠直觉生成概念的方法。它注重产品的功能与结构，团队成员用语言在规定的时间内进行交流。头脑风暴总的目标是取得几条可以成为琐碎的设计问题的设计原则，其首要的优势在于能够把许多个人的努力联合起来，产生出一些个体不会产生的想法(集体大于个体相加之和)。头脑风暴法就是充分利用这

些集体的想法以及不同个体的差异性快速地创造出许多高端的产品设计解决方案。

概念设计中运用头脑风暴法进行创意讨论时，常用的手段有两种：一是递进法，即首先提出一个大致的想法，所有成员在此基础上进行延伸、次序调整、换元、同类、反向等思考，逐步深入；二是跳跃法，不受任何限制，随意构思，引发新想法，思维多样化，跨度大。在创意过程中，设计组的每个成员都要积极思考，充分表现出专业技能和个性化的思维能力，进而在较短的时间内产生大量的、有创造性的、有水准的创意。

（2）头脑风暴法在空调扇概念设计中的实施过程

下面以涟漪工业设计与美的公司合作开发的空调扇概念设计项目为例，来说明头脑风暴法在产品概念设计中的应用流程。

①确定概念设计议题，分工协作。首先应该明确要讨论的概念设计议题，使与会者明确通过这次会议需要解决什么问题，本次议题是“空调扇的外观造型设计”。

本次会议有一名主持人（公司设计部设计总监），一名记录员（设计总监助理）。主持人负责在会议进程中启发引导，掌握进程，如通报会议进展情况；归纳发言的核心内容；活跃会场气氛；或者让大家冷静一会，认真思索，继续组织下一个发言高潮等。记录员主要是记录全体与会者的想法，保留最大信息量；同时也要参与讨论，提出自己的意见。

②会前准备。为了使头脑风暴会议取得较好的效果，可在会前做一点准备工作。如收集一些国内外空调扇的资料给大家参考；同时，参与者在参与会议之前，要对于空调扇有一定的了解。本次会议参加人员为负责空调扇项目开发的全体设计人员，共8人，为了减弱互相造成的影响，采用的是自由发言方式。本次会议初步安排30到45分钟左右，具体操作由主持人掌握。

③热身放松。主持人宣布开会后，先说明会议的规则，然后随便谈点有趣的话题或问题，让与会人员的思维处于轻松活跃的境界。如果所提问题与会议主题有着某种关联，人们便会轻松自如地导入会议

议题，效果自然更好。

④宣布议题。由主持人公布会议主题——空调扇外观造型设计，并利用投影仪介绍空调扇的功能和特点以及国内外空调扇的现状和发展情况。主持人介绍时须简洁、明确，不可过分周全，否则，过多的信息会限制人的思维，干扰思维创造的想象力。

⑤畅谈阶段。为了使与会者能快速了解议题，畅所欲言，需要制订规则：第一、不私下交谈；第二、不妨碍他人发言，不去评论他人发言，每人只谈自己的想法；第三、发表见解简单明了，一次发言只谈一种见解。主持人宣布这些规则后，引导大家自由想象，自由发挥，真正做到知无不言，言无不尽。畅谈阶段，在空调扇功能方面，有人觉得空调扇加水制冰过于频繁，有人觉得空调扇清洗不便、制冷效果差，也有人觉得空调扇价位过高，定位不准确等，应该在这些方面作改进。在外观设计方面，有人支持箱式空调扇，理由是该种类型的空调扇风量大、水箱容量大、制冷效果好；也有人支持塔式空调扇，理由是造型小巧、无扇页设计、大角度左右自动送风、占用空间少；也有人支持开发新的空调扇造型设计，可参照其他电子产品及高端科技产品等。

⑥深化讨论。经过畅谈阶段的认识和铺垫，主持人可引导与会者把重点转移到主题——空调扇外观造型设计上面来。主持人可针对外观设计考虑的主要方面控制讨论的进程，例如空调扇哪个方面的功能你最关注；目前市场上存在的空调扇外观造型你觉得满意吗；如果在现有的外观基础上再设计，还有什么需要完善的；什么样的设计更符合消费者的需求等。然后将类似的设计构思列表并加以分析，扩大或缩小所讨论问题的范围，整合部分构想。

⑦设计构想筛选阶段。会后一天内，主持人要继续向与会者了解大家会后的新想法和新思路，以补充会议记录，并将大家的想法整理成若干方案，主要分为实用型构想和幻想型构想两类。前者是指目前工艺技术可以实现的设想，后者指目前的技术工艺尚不能完成的设想。由公司专门评审小组根据空调扇设计的一般标准，诸如可识别性、美观性、创新性、可操作性等标准，找到实用型构想和幻想型构

想的最佳结合点，然后对因此产生的各种构想进行分析和判断。在每个判断轮次中，评审小组成员要分别投票选出一个合理的方案，投票8轮后，统计得票数，反复比较，优中择优，最后确定2～4个最佳构想。这些最佳构想是众多设计创意的优良组合，是集个性化差异思考和集体思考的智慧结晶。

⑧设计展开阶段。根据头脑风暴构思的创意设计方案进行设计展开，进行完善，最终将这2~4款设计方案进行市场使用调研，通过调研反馈进行完善和修改，并作最后的投票筛选，选出最受用户满意的方案并作为最终的设计投入生产。空调概念扇最终确定方案如图3-12所示。

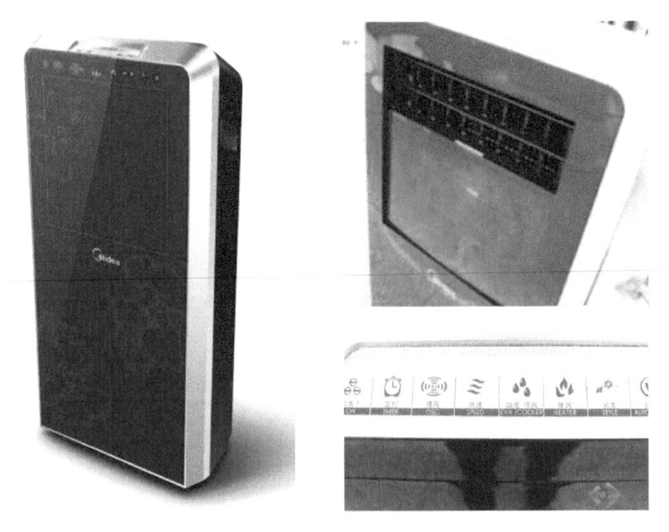

图3-12　空调概念扇最终确定方案

产品创新设计与思维中，大部分人的思维往往是单向的，线性的，不能真正发散地或逆向地思考。在设计中引用头脑风暴的方法的确有利于设计师打开思维，自由畅想，改变简单模仿抄袭的状态，使设计产生崭新的创意。

头脑风暴法的组织一般是一种讨论的形式，其特点是让参与者敞开思想，使各种设想在相互碰撞中激起脑海的创造性风暴。在这个过程中更多的是提出问题，而不是针锋相对地反驳对方，否定某个观点。头脑风暴很重要的一点就是对数量的要求，在特定的时间内有尽可能多的想法，而并不急于去做出评价，这非常符合设计者在进行设

计构思时的思维方式。为了在课堂上这样特定的场所和有限的时间，能使这种头脑风暴法设计有较高的效率和良好的效果，我们也应该遵循这样的原则。头脑风暴式设计发散思维图如图3-13所示。

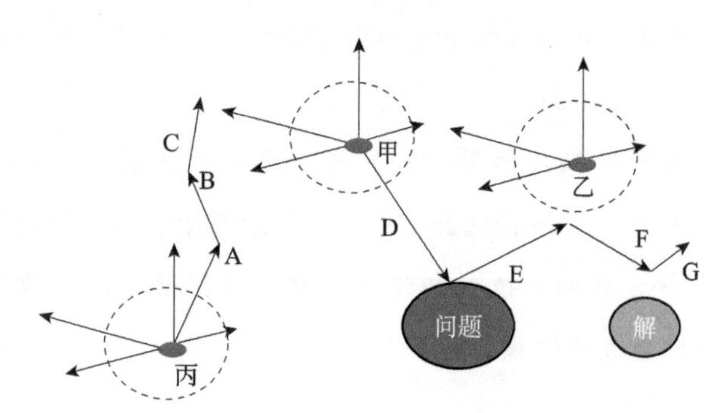

图3-13　头脑风暴式设计发散思维图

根据空调概念扇的设计案例我们总结了头脑风暴式实践设计的流程。

（1）确定设计的方向

用头脑风暴进行实践设计必须有一个设计选题，参与者围绕这个主题进行讨论。目标明确是头脑风暴有效开展的基础，因此必须在课前确定一个目标，比较具体的目标能使参与者较快产生设想，主持者也较容易掌握。

（2）前期准备

为了使头脑风暴法设计的效率较高，效果较好，可在开始前做一点准备工作。如收集一些优秀设计资料预先给大家参考，以便参与者了解与命题有关的背景材料和优秀作品。场地可作适当布置和分组，以便参与者相互交流与合作。头脑风暴之前先根据参与者情况对场地进行合理布置如图3-14所示。

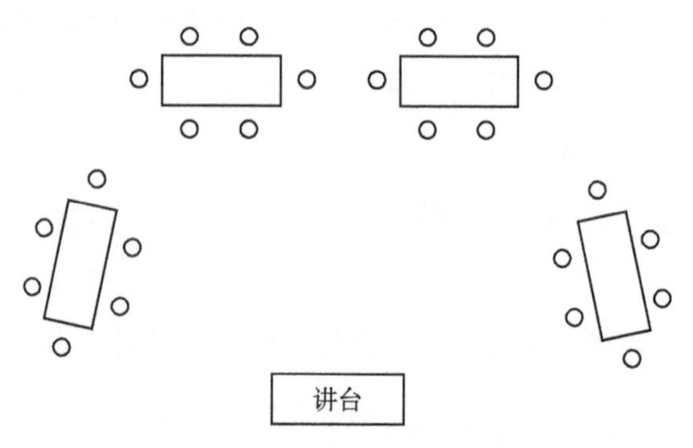

图3-14　对场地进行合理布置

（3）组织与分工

根据参与者的实际情况，对人员进行分配，一般以3人一组为宜，人数太少不利于交流信息，激发思维；而人数太多则不容易掌握，并且每个人参与的机会相对减少，也会影响开展头脑风暴的气氛。组员要有具体的分工，1人准备材料和基础工作，组员之间分工明确，以便所有的成员能参与设计全过程，有利于发挥成员的积极性。

头脑风暴讨论中需要一名主持人，主持人在头脑风暴设计开始时要重申设计的选题和注意事项，在设计过程中启发引导，掌握进程。

（4）掌握时间

时间由主持人掌握，不宜定死。一般来说，以四十分钟到一小时左右为宜。时间太短难以进入状态，太长则容易产生疲劳感，影响效果。经验表明，创造性较强的设想一般在练习开始10～15分钟后逐渐产生。

（5）事后总结整理

这一步非常重要，一般头脑风暴后会产生很多有意义的结果，如何把这些结果筛选出来，并做进一步的细化非常重要，这个时候，需要再定时间对好的方案再进一步商讨研究，直到优秀的设计方案出现。

3.4.6　发散思维

发散思维即从某一研究和思考对象出发，充分展开想象的翅膀，从一点联想到多点，在对比联想、接近联想和相似联想的广阔领域分别涉足，从而形成产品的扇形开发格局，产生由此及彼的多项创新成果。发散思维从某一问题向多方向进行思考和创新如图3-15所示。

创新思维小故事

美国历经百年风化的自由神像翻新后，现场有200吨废料难以处理。一位叫斯塔克的人承包了这一苦差事，他对废料进行分类处理，奇妙地把废铜皮铸成纪念崐币，把废铅、废铝做成纪念尺，把水泥碎块、配木装在玲珑透明的小盒子里作为有意义的纪念品供人选购。所有这一切，都与名扬天下的“自由女神”相联系。这样一来，就从那些一文不值、难以处理的垃圾中开发出了好几种十分俏销、身价百倍的纪念性新产品，斯塔克也由此大获其利。这种变废为宝的发散式创新技巧，一时传为美谈，启迪着许多企业家的产品开发行为。

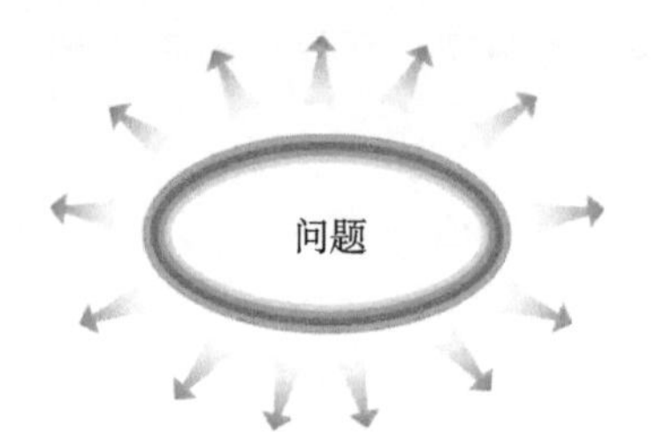

图3-15　发散思维从某一问题向多方向进行思考和创新

3.4.7　横向思维

英国剑桥大学教授爱德华·德博诺是横向思维的积极倡导者。他认为，生活中有时碰到的问题，当用常规办法无法解决时，人们应该尝试换个角度，使用迂回或反向的思考方式来寻求问题的解决之道。横向思维是通过明显的不合逻辑的方式寻求解决问题的方法。以一种不同的方式去看待问题的积极方法。它是一种新的思维方式，作为传统的批判和分析性思维方式的补充。横向思维与纵向思维的关系如图3-16所示。

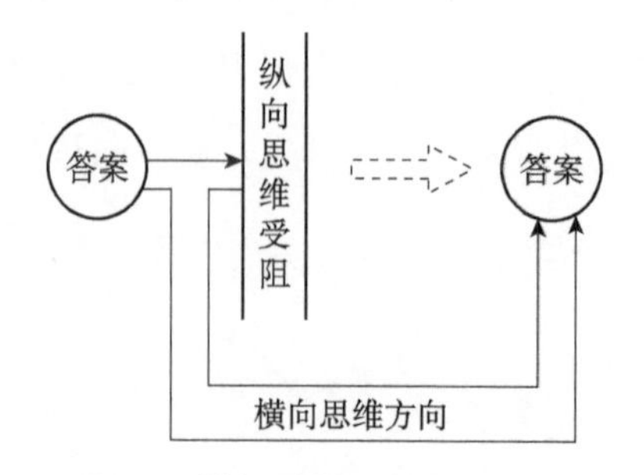

图3-16　横向思维与纵向思维的关系

横向思维是一种快速的、有效的工具，用于帮助个人、公司和团

队解决疑难问题，并且创造新想法、新产品、新程序及新服务。横向思维最大的特点是打乱原来明显的思维顺序，从另一个角度找到解决问题的方法。

创新思维小故事

德博诺曾经讲过一个例子：某工厂的办公楼原是一片2层楼建筑，占地面积很大。为了有效地利用地皮，工厂新建了一幢12层的办公大楼，并准备拆掉旧办公楼。员工搬进了新办公大楼不久，便开始抱怨大楼的电梯不够快、不够多。尤其是在上下班高峰期，他们得花很长时间等电梯。顾问们想出了几个解决方案：①在上下班高峰期，让一部分电梯只在奇数楼层停，另一部分只在偶数楼层停，从而减少那些为了上下一层楼而搭电梯的人。②安装几部室外电梯。③把公司各部门上下班的时间错开，从而避免高峰期拥挤的情况。④在所有电梯旁边的墙面上安装镜子。⑤搬回旧办公楼。你会选哪一个方案？德博诺先生说，如果你选了①、②、③、⑤，那么你用的是“纵向思维”，也就是传统思维。如果选了④，你就是个“横向思维”者，你考虑问题时能跳出思维惯性。这家工厂最后采用了第④种方案，并成功地解决了问题。“员工们忙着在镜子前审视自己，或是偷偷观察别人，”德博诺先生解释说，“人们的注意力不再集中于等待电梯上，焦急的心情得到放松。大楼并不缺电梯，而是人们缺乏耐心。”这说明在解决问题时，如果一种方法行不通，变换角度思考问题可能会得到柳暗花明的效果。用横向思维解决问题时应遵循的要点是：

- 扩展视野，从不同的角度看问题。
- 有意颠倒某种关系，用逆向思考把事物倒转过来。
- 充分利用情景中的各种关系，利用联想、类比等手段，寻求新的解决途径。
- 变化情景，把着重点从问题的一部分转移到另一部分。

横向思维公式如图3-17所示。示例如图3-18所示。

创意的新等式

A+B=

A+B=什么？假如给你个题目：“眼睛创意”。
这里的A就是眼睛，那B是什么？
①B是另一种物体
②B是一种表现形式
A和B的完美结合就得到了

既包含了A，又包含了B，
同时，既包含了一个“1”，也包含了一个“3”，
也就是说，A+B得出的不仅仅是A和B的结合体，
还会得出C、D、E……得出更多的想象。

世界万物具有某种内在的联系，
我们可以通过事物间的内在或外在的联系。
把两者有机地结合起来，
而产生出新的事物或形象。

图3-17　横向思维公式

图3-18　横向思维示例

课后总结与习题训练

一、要点提示

1．创新思维；创新设计思维的目的。

2．创新思维的三要素。

3．创新思维的种类。

4．头脑风暴法在设计中的应用。

二、思考与练习

1．什么是创新思维？创新设计思维的目的是什么？

2．创新思维的三要素是什么？

3．创新思维的种类有哪些？

4．请试举出头脑风暴法的主要实施过程和内容。

三、设计分析

请以小组形式（3~4人一组），利用头脑风暴法对某一设计进行思维的发散和创新，然后记录下发散过程和内容，并对结果进行分析，确定设计的方向。

第4章 产品创新设计的内容

4.1 产品设计要素的创新

4.1.1 造型创新——形态美

造型设计，旨在确定产品的外观质量与外形特征，同时协调人-机-环境之间的相互关系和考虑生产者和使用者利益的结构与功能关系，最终把这种关系转变为均衡的整体。

德国著名乌尔姆造型学院教师利特曾经说过：设计不总是把外形摆在优先位置，而是把与它有关的各个方面结合起来考虑，包括制造、适应手形，使用操作和感知，而且还要考虑经济、社会、文化效果。造型设计，旨在确定产品的外观质量与外形特征，同时协调人-机-环境之间的相互关系并考虑生产者和使用者利益的结构与功能关系，最终把这种关系转变为均衡的整体。荷兰设计师Frank Tjepkema为Droog设计的作品，用签名做成的花瓶，利用字母的拼写，完成插花功能，如图4-1所示。

以“太极”为设计元素的户外休闲座椅，色彩采用阴阳结合的深色与白色搭配，造型圆润，给人以舒适的感受，如图4-2所示。

如今在技术差异化越来越小的情况下，为了吸引更多消费者，很多企业都把希望寄托在产品造型上的创新。产品造型给人以视觉感

受，从而引发内心情感，因此，在造型设计满足独创性、合理性、经济性、审美性的同时，消费者的情感需求也成为设计的重点。意大利设计师马西姆·约萨·吉尼（Massimo Iosa Ghini）设计的“妈妈”扶手沙发外形朴实、敦厚，色彩温和，象征着妈妈的慈祥、宽容，给孩子温暖，为身心俱疲的现代人提供一个恢复精力的避乱所，如图4-3所示。

图4-1 “签名”造型花瓶

图4-2 户外休闲座椅造型别致

注重使用者的情感化设计，已成为现代设计的趋势。趣味性调味瓶设计借用“和尚”的造型，并将造型简化，人物表情给以趣味化，用户在使用过程中会增添更多乐趣如图4-4所示。

图4-3 “妈妈”扶手沙发

图4-4 趣味性造型的调味瓶设计

4.1.2 色彩创新——视觉美

产品的色彩设计受到加工工艺、材料、产品功能、人机环境等因素的制约，所以在追求产品炫目效果的同时，要综合协调各项因素，进行科学合理的色彩设计。不同色彩的使用，可以创造产品不同的视觉效果。ECCO为高露洁设计的电动牙刷，通过不同的色彩搭配，增加视觉冲击力。例如色彩不同的电动牙刷如图4-5所示。

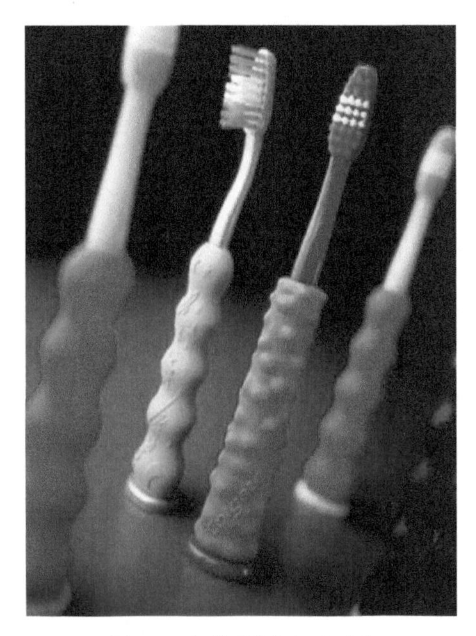

图4–5　色彩不同的电动牙刷

鲜艳的色彩搭配多见于儿童产品设计中，结合鲜明的卡通形象，激发儿童的使用兴趣，如图4–6所示。

图4–6　卡通元素包装盒

传统文化元素运用于产品设计时，色彩搭配多取决于文化元素的色彩，很少进行较大的色彩改动，从而更好地体现文化特色，如图4–7所示。

图4–7　文化元素包装盒

4.1.3 材质创新——肌理美

不同的材料，会带给人视觉上完全不同的感受——光滑的材料有流畅之美，粗糙的材料有古朴之貌，柔软的材料有肌肤之感。在实际进行产品设计时，产品材质也是我们设计的一大要点。

华硕竹子笔记本的外观采用了竹子材料外壳，华硕称这是真正环保绿色的产品，便于回收处理。华硕称竹子笔记本的公布对于华硕和IT产品都具有里程碑式的意义，这标志着绿色技术不再仅限于概念中，已可在实际中得到运用，并可实现量产。这也是华硕支持绿色科技的有力体现，也是“现代科技可与地球环保达到平衡”的体现，如图4-8所示。

图4-8　华硕竹子笔记本

4.1.4 结构创新——功能美

结构对产品的整体效果影响很大，对于相同材料的产品，采用不同的结构，由于加工成型工艺的不同，其成本及使用方式都会带来很

大的差异。“创新”是设计的重要环节，结构的创新能够给使用者带来不同的使用体验，也可以为生产厂家节约成本，获得更高的经济利润。

图中厨具的设计灵感来自中国的家具结构“榫卯”，厨架和把手之间通过一种凹凸的正负关系，加上重力的作用，自然地卯合在一起。衔接部分相互约束，却又自由灵活。把手的末端的粗细变化，以暗示拿放厨具时把手提起的高度，如图4-9所示。

图4-9 “榫卯”结构厨具

4.1.5 局部创新——细节美感

产品缺乏细节是大多数学生作品的通病，比如效果展示中常常出现的塑料件缺少分模线，材质表现不清晰，不同材质之间的连接看不到美观缝隙，零部件没有表现等。产品局部细节的设计与设计者的经验有种密不可分的关系，这需要对大量设计作品浏览的日常积累，以及对优秀作品的仔细观察和体会。一件作品的成功往往取决于细节，也就是俗话说的“细节决定设计的成败”，如细节中体现不同的使用方式，不同的审美观、不同的心理感受等，局部的创新正是“以人为本”设计理念的表现。图4-10所示中的设计是对一种电子仪器的造型设计，其不同材质的表现非常透彻，材质间的分模线刻画明显，按钮也表达得淋漓尽致，连接口也都表达得非常清晰，是一件优秀的设计佳作。

图4-10　电子产品效果图

4.2　产品设计方式的创新

4.2.1　基于生活质量的创新

“明天会更好”，这是被许多人认同和激发人们为之奋斗的俗语。人们对新生活的企盼，从这句富有哲理性的俗语中也充分地体现出来了。明天的饮食是什么样的？电冰箱是什么样的？洗衣机的操作方式如何？汽车的能源有什么变化？从种种对明天事物变化的疑问中都隐藏着极大的愿望。在人们的现实心理中，明天的生活是今天现实性的延伸；这种延伸要靠今天的实质性开拓去实现。

当今，人类生活以一定质量体现其生存意义，但生活质量如果老停留在一个水平线上就显得暗淡无光。因此，只有不断提高生活质量

和不断转换生活形态，才能从新生活的开创中充分体现出现代的人生价值。就社会绝大多数人的生活水准来说，人生价值是随社会整体生产力的发展而渐次提升的。例如按摩椅大大提升了人们的生活品质如图4-11所示。

图4-11 按摩椅设计

4.2.2 基于新技术的创新

以新技术不断开创新产品，是用新技术的原理和特性勾画出产品的新型可靠性概念。例如：

- 用智能技术勾画现代家庭办公系统的概念。
- 用微电子技术开拓超薄型电视机的新概念。
- 用不同增强复合材料开发现代家具的新概念。
- 用节能、环保技术开发产品。

4.2.3 以高指标技术函数的产品创新

每件产品的技术指标都有一个时代界限的最高值，当这件产品处于最高值时，它的生命力就处于鼎盛时期；相反，当产品处于最低值的低谷时，它的生命力就几乎丧尽。这正是产品生命力周期的客观规律。根据这一规律，以更高指标的技术函数开发产品，是永葆产品旺盛生命力的有力措施。技术和文化都是梭形发展的。产品生命周期梭形图如图4-12所示。

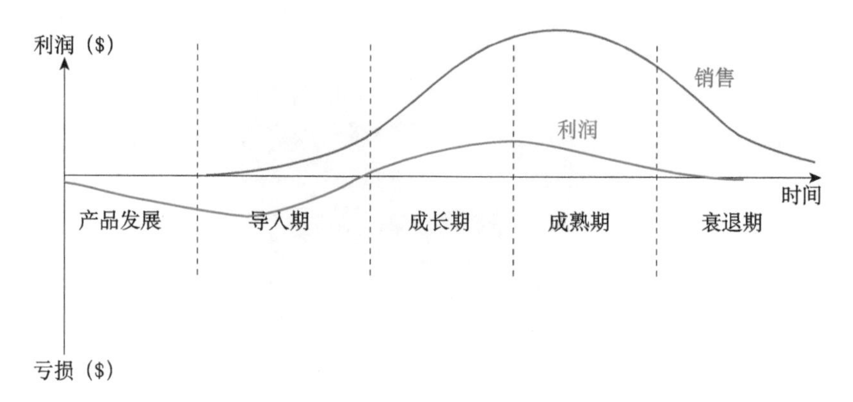

图4-12　产品生命周期梭形图

4.2.4　技术缝隙的产品创新

从技术缝隙中架构新产品，其一是在同一技术属性中对其功能指数的延伸或加强，架构出新型性能特征的产品；其二是在不同功能的间隔或不同技术特性之中架构出新产品。

如成人与童车间产生专供中学生用的学生车；各单件家电与厨房橱柜架构一体化的多重组合型厨房家用电器；汉英电脑字典概念延伸汉语电脑词典；成人用手机与电话架构起儿童用呼叫器或儿童电话手表，等等。示例如图4-13和图4-14所示。

图4-13　学生校车

图4-14　儿童电话手表

4.2.5　基于人本性的产品创新

以人为本的设计理念正是基于人本性的产品开发，也是设计目标确定的重要思考方向。人本性泛指人类自身特性，这里所指的人本性，主要是基于产品构成的人类自身特性。人类自身特性的形成是由多方面因素决定的，其中既有内部的文化知识水平和结构、道德修养职业爱好、年龄、性别、经济条件、审美标准等，也有外部的家庭环境、工作环境、社会综合环境，等等，它们从多方面决定着人类自身特性的形成和发展。马斯洛将人类需求进行层次分析（见图4-15），概括为以下几点：

- 生理需要，是个人生存的基本需要，如吃、喝、住处。
- 安全需要，包括心理上与物质上的安全保障，如不受盗窃和威胁，预防危险事故，职业有保障，有社会保险和退休基金等。
- 社交需要，人是社会的一员，需要友谊和群体的归属感，人际交往需要彼此同情互助和赞许。
- 自尊需要，包括要求受到别人的尊重和自己具有内在的自尊心。
- 自我实现需要，指通过自己的努力，实现自己对生活的期望，从而对生活和工作真正感到很有意义。

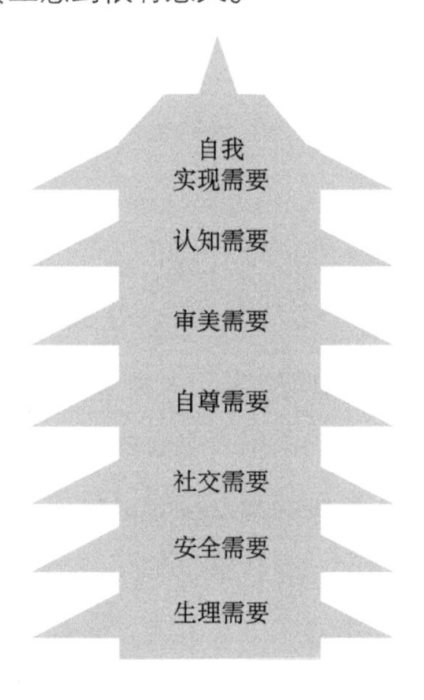

图4-15　不同层次的需求

ALESSI产品的价格是同类商品的十倍乃至百倍，品牌成为工艺、美学与品位的代名词。其作品在设计中充分体现了创新与感性特征，赋予产品幽默趣味化，凸显产品的自我风格，从用户需求角度考虑，充分满足使用者在使用过程中的感性需求，如图4-16所示。

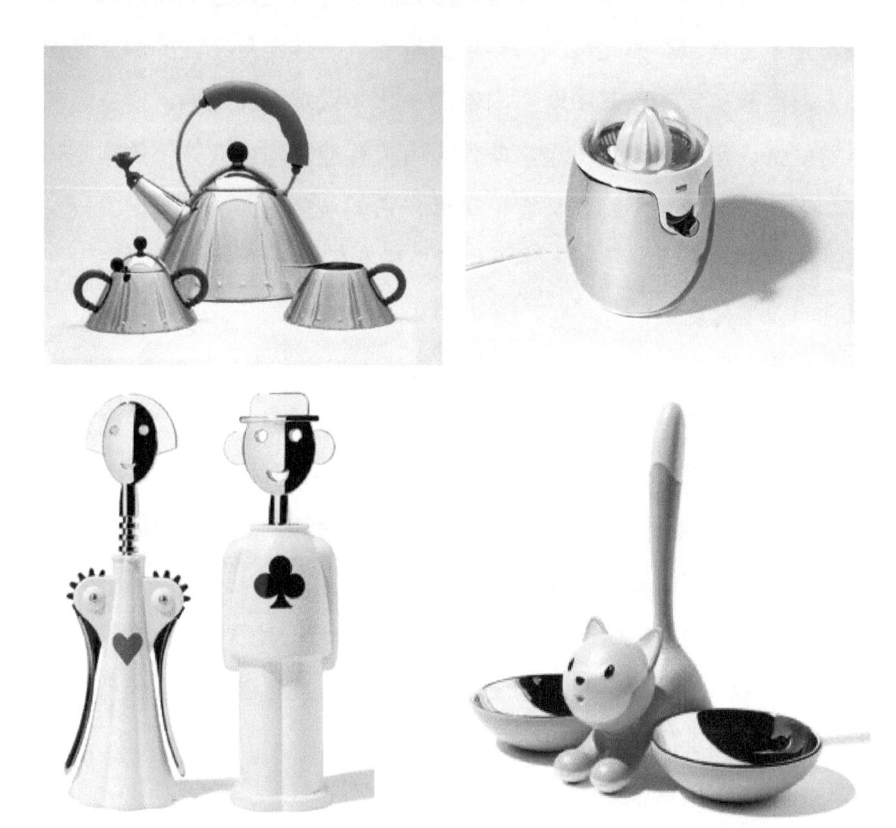

图4-16 ALESSI的产品

4.2.6 反叛基点上的产品创新

反叛基点是人本性规律的第二大特性，它是人类对现存物品逆反心理作用下油然产生的。人们对身边的物品构成，在一定的作用中往往会天性般地产生出种种背离现实物品构成的思绪。面对身边的现实，人们在头脑中会出现“是否该这样”“如果那样该多好”“我认为应该如何、如何”，等等想法，其中很多都以背离现实物品构成为鲜明特征，示例如图4-17和图4-18所示。

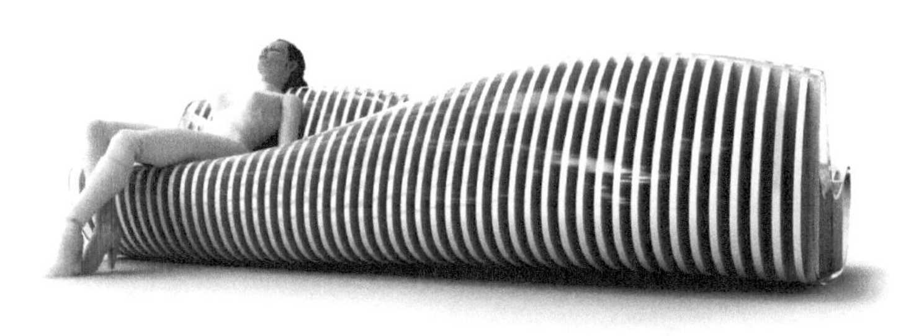

metaflo = hybrid lounge<->couch

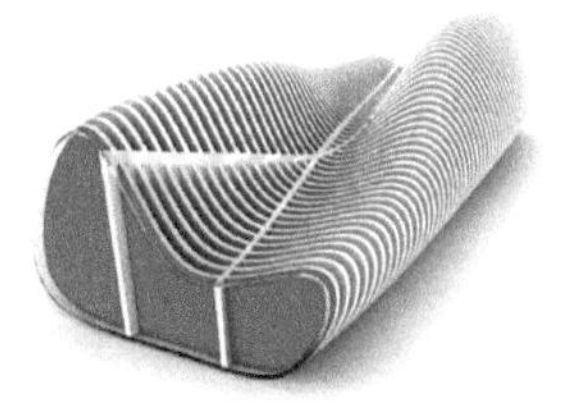

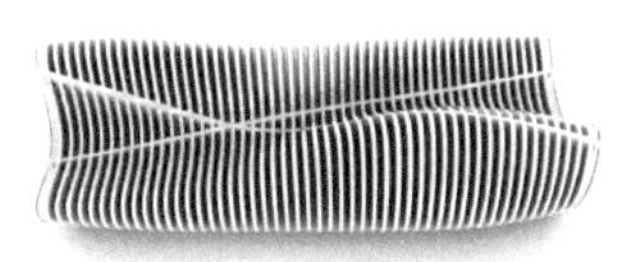

图4-17　座椅设计一

图4-18　座椅设计二

课后总结与习题训练

一、要点提示

1．产品设计要素的创新；

2．产品设计方式的创新。

二、思考与练习

1．产品设计要素的创新内容有哪些？

2．产品设计方式的创新可以考虑哪些方面？

3．设计的需求层次理论包含哪几方面需求分析？

4．产品的生命周期由几部分组成？

三、设计实操

请根据用户的需求层次不同，利用设计创新的内容和原理进行儿童音乐玩具设计，请用手绘形式表达。

第5章

产品创新设计实例

5.1 “改变型”设计案例分析

5.1.1 案例一：手动叉车稳定性改良设计

1．设计现状

手动叉车是一种高起升装卸和短距离运输两用车，是物料搬运不可缺少的辅助工具，托盘搬运最轻便，最主要的是任何人均可操作。用手可方便地操纵起升、下降和行走控制杆，托盘车使用起来轻便、安全、舒服。由于不产生火花和电磁场。特别适用于汽车装卸及车间、仓库、码头、车站、货场等地的易燃、易爆和禁火物品的装卸运输。该产品具有升降平衡、转动灵活、操作方便等特点。舵柄的造型适宜，带有塑料手柄夹，使用起来特别舒服。操作者的手由坚固的保护器保护。坚固的起升系统，能满足大多数的起升要求，车轮运转灵活，并装有密封轴承，前后轮均由耐磨尼龙做成。总而言之，它具有重量轻，容易操作；使用机电一体化液压站；高强度钢铁货叉结构，可靠，耐用；价格低，经济实用的优点。

此外，载物行驶时，如货物重心太高，还会增加叉车总体重心高度，影响叉车的稳定性；转弯时，必须禁止高速急转弯。高速急转弯会导致车辆失去横向稳定而倾翻，这是非常危险的，容易造成人员受伤，严重的甚至死亡。由于车轮呈三角布局，叉车载物品时，应按需调整两货叉间距，使两叉负荷均衡，不得偏斜，物品的一面应贴靠挡物架，否则容易造成货物左右摇摆或者倾翻。当叉车需要上坡时，货物的重心太高，特别容易发生货物后倾和下滑，这些情况都是非常危险的。

2．设计目的

解决现在手动叉车使用时存在不稳定的问题，本实用新型设计提供一个安全稳定的手动叉车。主要解决叉车载物在转弯和上坡时的稳定性，以及叉车的受力平衡的问题，防止出现叉车倾倒的危险。

3．产品构思

通过增加支撑点和调整支撑位置来增加支撑面积，使手叉车更加稳定。其特征在于：①加高的货物靠板两侧分别增加了一个支撑轮杆机构，轮子均为万向轮。实现四点支撑，可防止载货叉车在转弯的时候，因惯性倾倒，同时可有效防止因货物重量左右分布不均匀造成的侧向倾倒，同时支撑面向后延伸，叉车在载有重心较高的货物时，可以在有坡度的地面和坡道上安全使用，而不至于向后倾倒对使用者造成伤害。②轮杆机构与靠板为轴连接，需要的时候可以放下，并且用加强支撑杆固定，不需要的时候将轮杆机构收起，亦可将轮杆机构整体拆卸下来。这时的叉车与普通叉车使用方法没有区别。③实现轮杆的固定支撑，先将轮杆放下，再将加强支撑杆放下，使加强杆上的凹槽与轮杆上的突起结构配合，使轮杆、加强支撑杆、靠板三者之间形成稳定的三角支撑结构。④轮杆上的突起结构是可90° 旋转的，当整体机构有足够的间隙，可以收起和放下。⑤轮杆收起，将轮杆和支撑杆向上收起，在靠板上有支撑杆放置的凹槽，支撑杆和轮杆到位后，旋转限位旋钮，完成收起。其创意设计如图5-1至图5-3所示。

4．产品设计内容

本设计相比普通叉车采用可变的5点支撑方式，使叉车更加稳定，解决了叉车载物行驶时，因货物重心太高，使叉车和货物容易倾覆的问题。本实用新型叉车可以以较高速转弯，而不会致使车辆失去横向稳定而倾翻，避免造成人员受伤和死亡；叉车载物品时，不需刻意调整两货叉间距，不需要两货叉负荷均衡，当叉车需要上坡时，较高的货物也不会后倾，稳定安全；结构简单、易于制造、故障率低、便于操作。最终设计效果展示如图5-4所示。

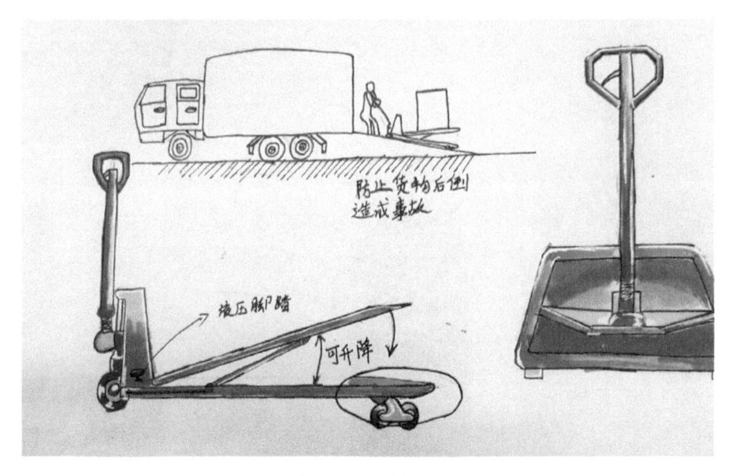

图5-1　创意方案1

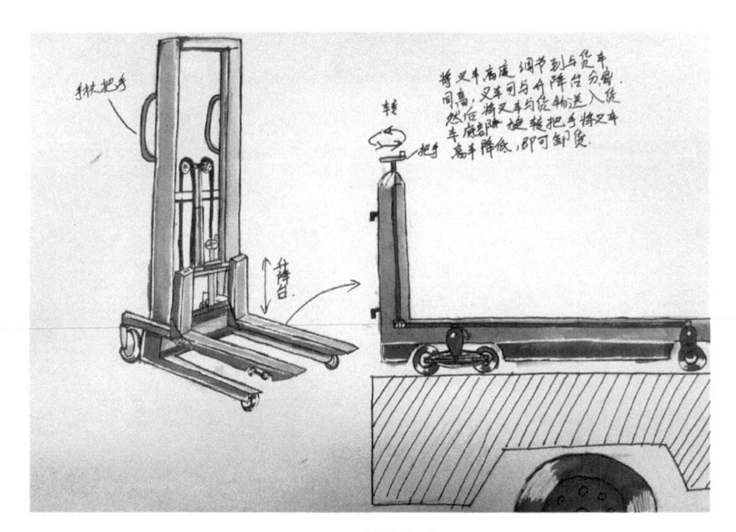

图5-2　创意方案2

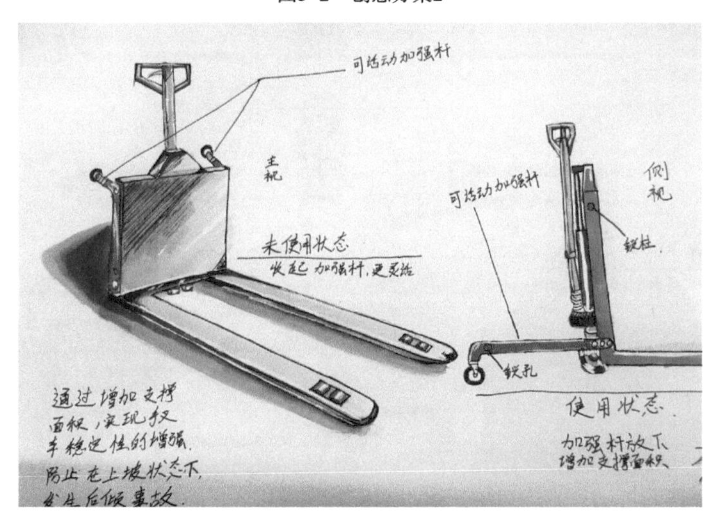

图5-3　创意方案3

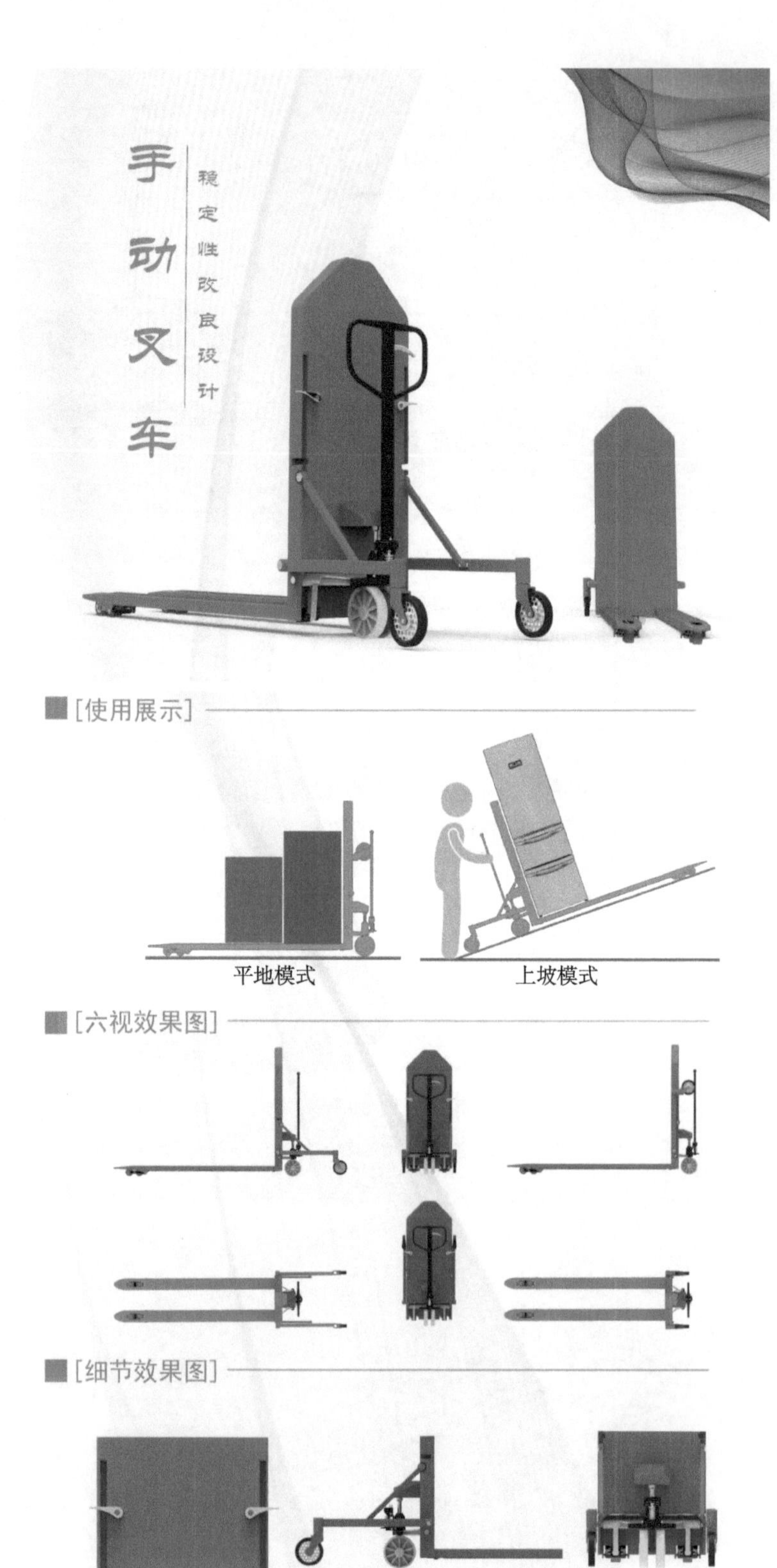

图5-4　最终设计效果展示

5.1.2　案例二：稍挂拉手设计

1．研究现状

公交车拉手是公交车内重要的组成，是为上车后没有座位的乘客准备的。实用美观的拉手，不仅可以优化乘客的乘坐体验、保护乘客的人身安全，而且可以吸引更多的乘客。显然目前市场上鲜有做到这两者兼得的拉手。

目前市场最常见的公交车拉手设计，为最求有限的经济利益在拉手上设计了广告位。虽然带来了经济利益，但不考虑乘客感觉的广告设计，极大地降低了拉手的美观。常见公交车拉手的力求简洁造型，功能基本满足了乘客支撑身体，保护自己人身安全的使用需求，但色彩上和公交车上的杆子相同容易产生视觉疲劳。材料基本上以塑料为主材料，各个部位的连接以金属螺丝为主。为增加拉手的使用寿命，绝大部分的拉手设计都把固定部位和拉环分离再通过高强度的尼龙织带连接。

2．研究目的

针对市场现有产品的一些缺憾，设计一款同时满足人们心理功能与实用功能的公交车拉手。

3．产品构思

稍挂拉手是公交车拉手的再设计。在保持原来公交车拉手支持身体，保护人身安全的功能上增加了挂物的功能。当我们遇到提着东西站在公交车上时，突然来了一个电话而东西又不能放在地上，这时候可以把袋子挂在拉手上，腾出双手去完成接电话等工作。

为了增加产品的趣味性，稍挂拉手的外观设计来源于可爱的光头小人。设计时延长拉环边缘将织带部分隐藏起来，使拉手固定器和拉手在视觉上是一个整体，如图5-5所示。巧妙地运用小人的形象，精简造型。如此可爱的形象运用在人人堤防的公交车上面，给冰冷的公交车增加一丝温暖。稍挂拉手造型的独特性，能够吸引更多的乘客。

4．产品设计内容

拉手主要有织带固定槽、织带、织带固定杆、加强筋结构和螺丝孔组成。

稍挂拉手主要以PC（聚碳酸酯）为主，另外使用尼龙织带和金属螺丝。PC塑料具有优异的耐疲劳和尺寸稳定性，能够满足公交车不断摇晃颠簸的使用环境。

色彩上使用了红色蓝色搭配黑色，这样能被大多数人接受。

稍挂拉手的长为127mm、高为270mm。为了保证乘客在使用时的舒适性在拉手和人手直接接触的地方设计了符合人机工程学的弧度。设计效果图如图5-5和图5-6所示。

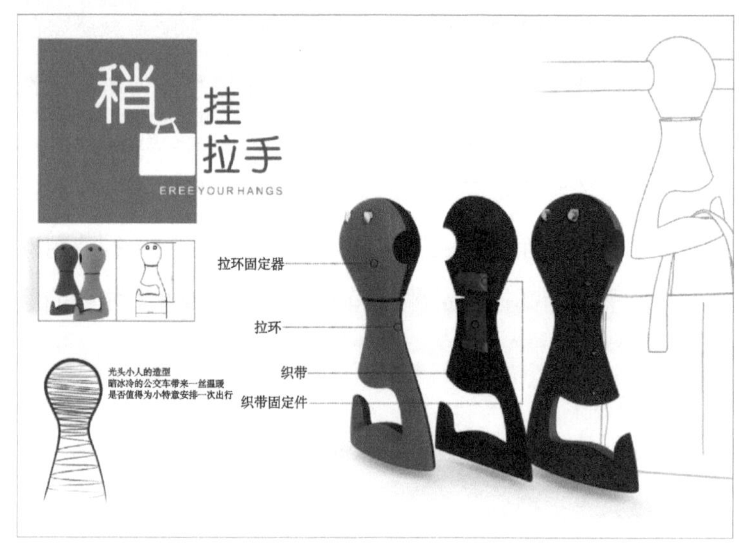

图5-5　设计效果图展示一

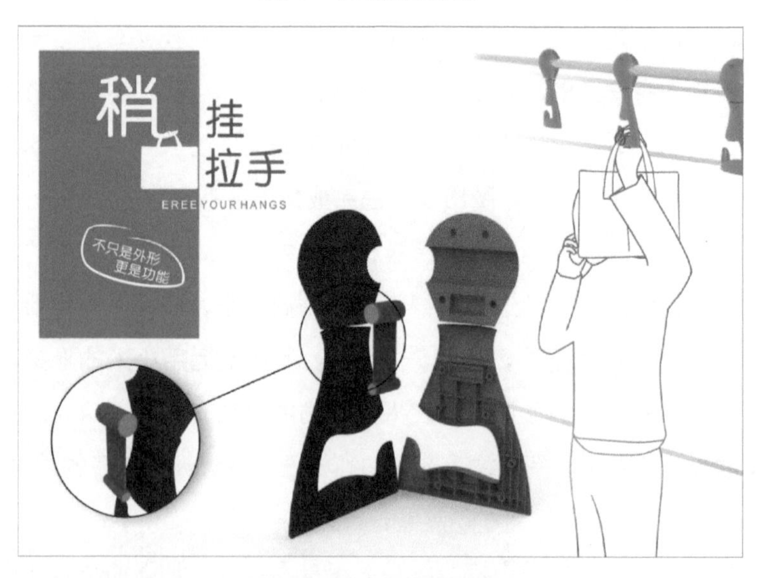

图5-6　设计效果图展示二

5.1.3 案例三：多人使用救生圈设计

1．研究现状

现如今救生圈通常由软木、泡沫塑料或其他比重较小的轻型材料制成，外面包上帆布、塑料等，采用圈体一次整体成型工艺制造或者采用圈体外壳整体成型、内部填充材料的工艺制造。上述材料以及制造工艺是目前最合适的救生装备材料和制造工艺，但由于这些工艺及材料制造出来的救生圈价格较高，一般配备较少，并不能供应到每个人的需求，而溺水者往往会有多个，或因个人自私将救生圈据为己有，导致有人没有救生圈。或因救生圈距离溺水者过远，而溺水者并没有更多的力气去抓住救生圈从而导致溺水事故。

2．研究目的

本实用新型发明解决了现有技术救援范围不够大，以及从另一方面解决救生圈供应不足的问题。扩大的救生圈概念从传统的救生圈加以改良，它扩展的功能使得救援更加的容易和快捷。一方面，当有多个人溺水的时候，你的周围不一定有足够数量的救生圈，因此溺水者会因对求生的强烈欲望而争夺救生圈，导致更加严重的事故发生。这个可以扩大的救生圈可以供多个人同时拉住救生圈，因此大大减少了此类事故的发生。而另一方面，通常当一个救生圈被扔出去帮助那些溺水人的时候，不是一定恰好地扔到他的边上，溺水者还需要更多的努力才能抓住救生圈，尤其是当它降落在远一些距离的时候，往往有些时候是因为溺水者没有更多的力气来抓住救生圈而失去生命，这个救生圈对溺水者来说就是生命的延续。

3．产品构思

产品构思图如图5-7（a）为救生圈主圈体顶视图，图5-7（b）为救生圈主体侧视图，图5-7（c）为把手顶视图，图5-7（d）为把手侧视图。结构1为把手卡槽，用来插入把手，结构2、结构3均为系绳孔，它们之间通过细绳索相连接，结构4为弹性把手，能更好地卡在圈体结构1卡槽里。

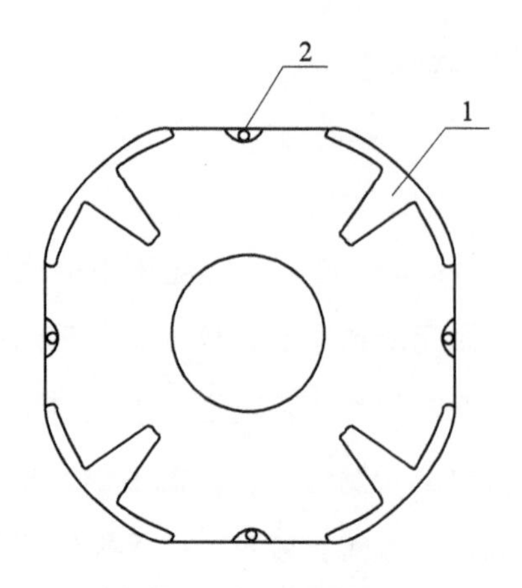

(a) 救生圈主圈体顶视图

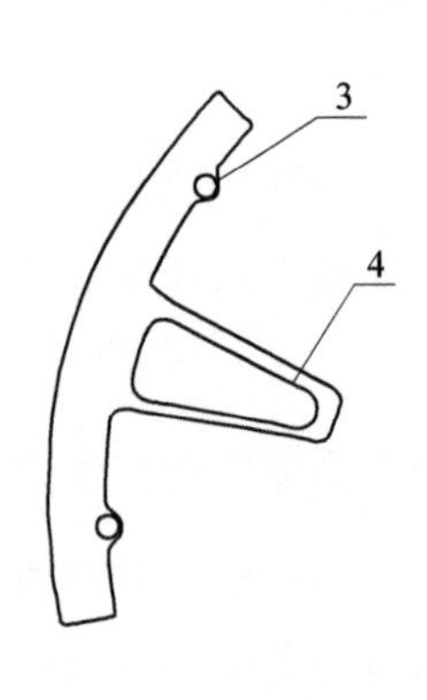

(b) 救生圈主圈体顶视图

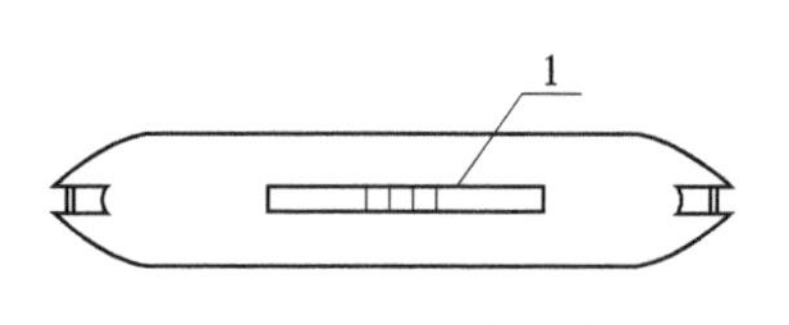

(c) 把手顶视图

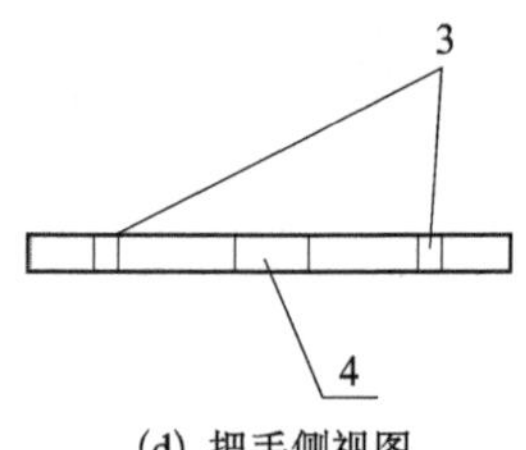

(d) 把手侧视图

1–把手卡槽；2，3–系绳孔；4–弹性把手

图5–7　产品构思图

具体实施方法如下：

在本装置放置不使用时，四个把手主要通过结构4会恰当地卡在圈体结构1内，每个把手还有两条绳索，绳索将圈体结构2和把手结构3连接起来，不使用时，可以将整个装置放置在河边、湖边、船等支架上（放普通救生圈的支架）。

当出现溺水者时，搜救人员需要用力将此装置往溺水者方向掷出。当本装置用力掷出时，圈体上的4个把手会因受到离心力的作用下，向4个方向散开，但又由于绳索的存在，会形成一个扩大范围的“救生圈”。当溺水者伸手抓住救生圈四个把手的时候，岸上的搜救人员可以通过拉动系在救生圈上的绳索，而把手又会因为系在救生圈圈体上的绳索而被拉上岸，实现救援。

4．产品设计内容

本发明结构简单，只由救生圈圈体、绳索，以及把手构成，主体采用圈体一次整体成型工艺制造，操作简单，只要搜救人员用力掷出即可，发明简单，救生能力却强大。

设计效果图如图5-8至图5-10所示。

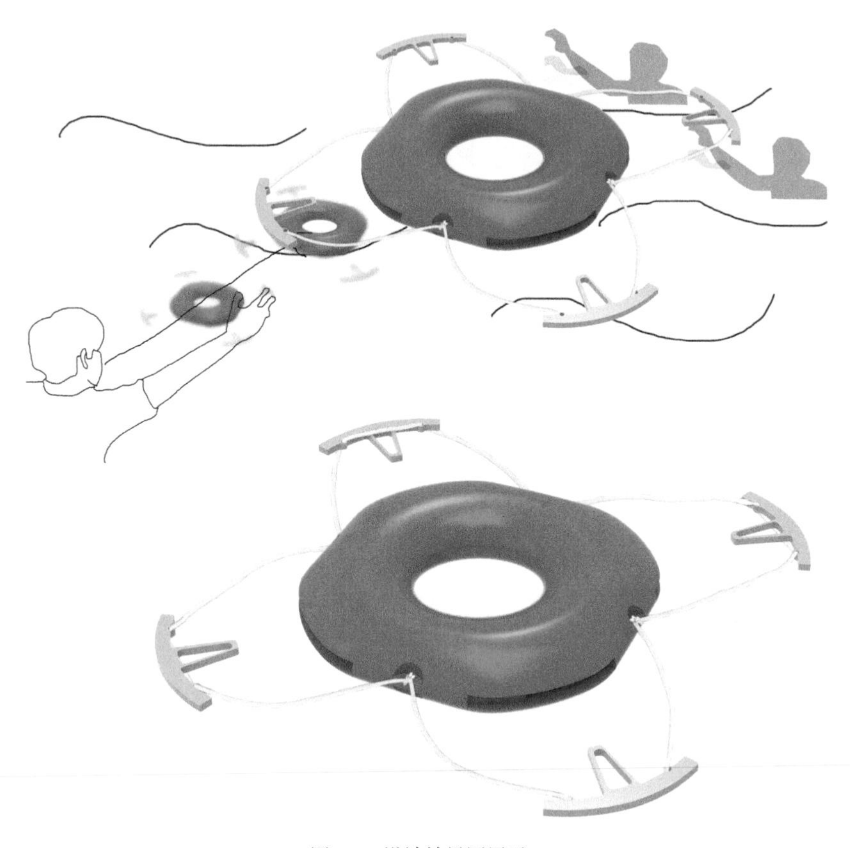

图5-8 设计效果图展示一

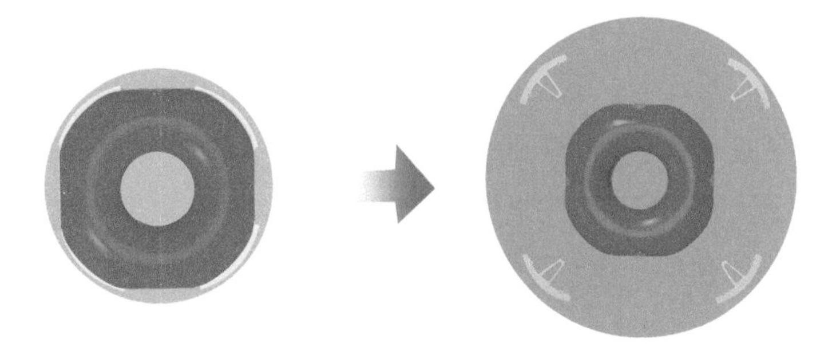

图5-9 设计效果图展示二

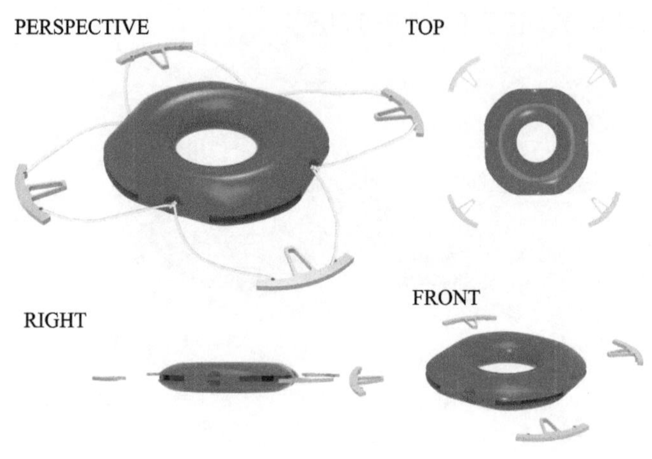

图5-10　设计效果图展示三

5.2　“重组型”设计案例分析

5.2.1　案例一：野营照明产品设计

1．研究现状

尽管我国的户外运动是在最近几年内开始流行的，相比国外发达国家起步较晚，但是随着户外爱好者的增加，野营照明产品这一市场正在迅速崛起，野营照明产品的发展也十分迅速。不同种类的户外用品相继出现，而作为户外运用不可缺少的照明设备，更是品种繁多，从以往的手提式手电，到现在的头戴式照明灯、挂式照明灯等，但是绝大部分照明设备都采用充电或是使用电池，如果需要长久使用，就需要备足电池来保证照明灯的正常使用，在户外野营时多了几分不便，增加了行李的重量。

2．研究目的

在设计一款满足不同消费者的需求，便于携带、满足基本的照明功能，并使其多功能化，整合一些户外用品工具等功能，减少野营时的行李。

3．产品构思

在不同环境下的野营照明产品的要求也有所不同，以下列举一些可能遇到的情况：

① 如有时使用者需要非常轻便的，便于携带的野营照明产品。

② 在非常恶劣的环境下，使用者需要抗风，防水性能较强的野营照明产品。

③ 在野营过程中，需要一些音乐，增加行驶过程的乐趣。

④ 在户外，电源问题比较难解决，希望不需电源可以获得电能。

⑤ 万一遇到危险，可以有报警功能。

因此，在现有的野营照明用品上，进行一种可持续使用的改良，使得照明灯在长时间使用时更方便，不需要烦琐地更换电池，让人们在进行不同的户外运动时，都能体验到这种新型照明用品的便利。

针对以上情况，在设计中将解决以下问题：为了长时间使用照明产品，而不需烦琐地更换电池，就需要在照明设备的结构上进行改装，比如增加一块太阳能电池板，或者安装一个小型的手摇式发电机，这些都可以保证照明产品的持久性使用。

户外运用时，随身可带的装备十分有限，所以在设计这款照明用品时，选择的材质应偏向于质量轻、结实、防水等特点。

4．产品设计内容

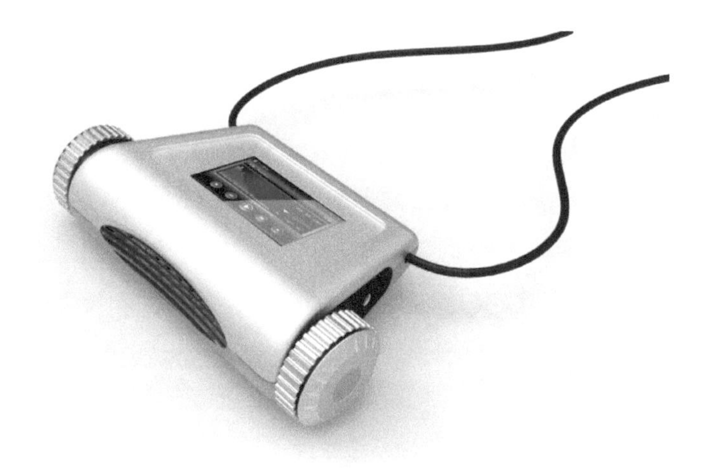

图5–11　野营照明产品设计效果图

野营照明产品设计效果图，如图5-11所示。产品储电设计上采用手摇式LED微型直流发电机，通过旋转两侧的旋钮，对其进行充电，使得其他电子设备在户外使用时间增长。无须购买电池、节能环保，更在野外救生方面起着更大的作用，比如在山中迷路被困，以往的照明设备会随着时间增长而失去作用，而本课题所改良的新产品则不存在这一问题。新产品还增加了MP3功能，可以减轻随身所带的行李重量，更便于在户外运用。

总结创新点为：①手摇式LED微型直流发电机，采用齿轮机构完成设计，与两侧的旋钮连接，通过旋转充电；②增加了MP3功能，可以减轻随身所带的行李重量，便于在户外使用。

5.2.2 案例二：沼泽自救衣设计

1．研究现状

野外旅游、探险是一类人的爱好，但是毕竟是探险，遇到危险也是在所难免的，像毒蛇、流沙、沼泽，等等。然而现有产品大多停留于水淹自救，针对沼泽类自救产品仍待进一步研发。

2．研究目的

本设计的目的在于提供一种救生衣，适用于沼泽救生，可由受害人自行完成操作，并进行救助。

3．产品构思

产品是针对沼泽这块的。沼泽自救衣是在探险者在深陷沼泽时无法将自身下肢拔出的情况下设计的。该产品是由一件气球衣和一个气囊组成的。气球衣自然是两层的，在气球衣上面有4条橡皮带，还有一个充气装置，充气装置上有一个开关按钮，该按钮是显凹形，防止平时不小心按到，其上还有一个指示灯，气球衣和气囊通过金属栓连接。气囊上面的两个凹槽是用来给使用者一个抓力的。

4．产品设计内容

沼泽自救衣设计效果图，如图5-12所示。操作说明：当身陷沼泽时，打开“充气装置”按钮，装置便给气球衣和气囊充气（气囊处于充气装置内部，在充气时会射出装置），由于金属栓的原因，气球衣

和气囊是不会分开的。当达到一定压力时，充气装置会自动停止充气（原理类似于安全气囊）。充完气体后通过对金属栓的操作，使气球衣和气囊分离。此时气囊应该反过来使用，因为气囊的另一边是凹进去的，方便在气球衣充满气时人们“雄壮”的身躯使用。用户抓住气囊，通过对气囊施加的一个力，来将自身下肢拔出。自然气球衣只是减缓身体下陷的速度。当下肢拔出沼泽时，用户可以匍匐前进。

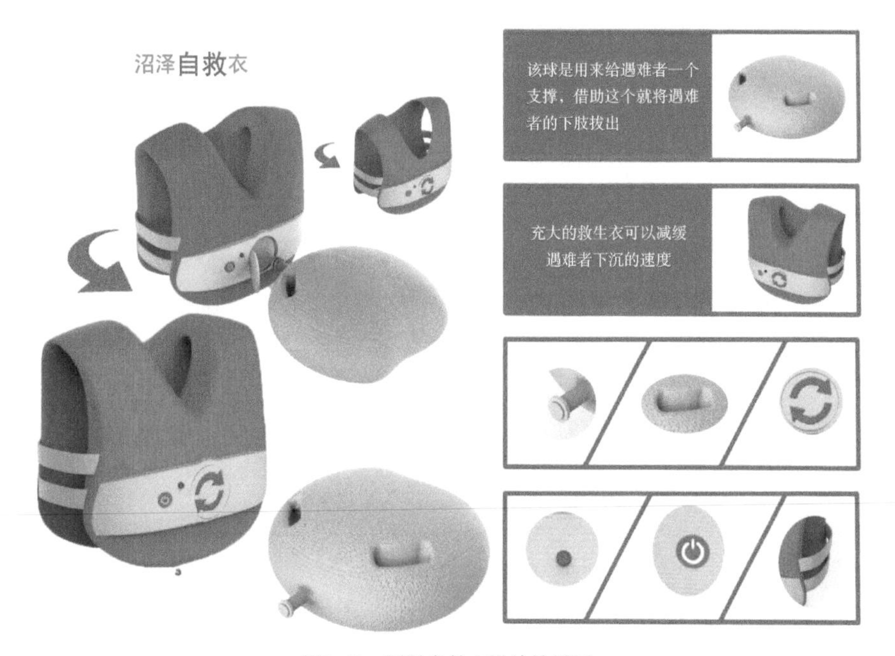

图5-12 沼泽自救衣设计效果图

充气装置说明：开关→点火装置→叠氮化钠与硝酸铵发生反应→气体充满自救衣（原理类似安全气囊）。

自救衣介绍如下。

材料：尼龙——增强抗拉强度。

内部附有干粉——防止在瞬间充气时，冲破衣服。

内表面涂有橡胶——防止气体揭穿。

5.2.3 案例三：转盘式调味盒设计

1．研究现状

常用的调料盒，多为独立或连体的盒子或瓶子。使用多种调料

时，需要分多次取出多个调味盒，使用十分麻烦。而存放时，需要放置在桌面上或柜子里，不能充分利用空间。

2．研究目的

本设计的目的在于提供一种转盘式调味盒。采用转盘式结构，能够通过旋转选择多种调料，具有设计精巧，节省空间的作用。

3．产品构思

本设计采用转盘式结构，既可以固定在墙壁上，也可以由底座支撑，放置在平台上。将调味盒支架的旋转轴固定，在各个调料盒内盛放好调料，利用挂钩悬挂在支架的连接轴上。使用时，用勺子从调料盒的开口处舀取调料。如需使用多种调料，旋转支架的盘片，调整每个调料盒到需要的位置，用勺子从调料盒的开口处舀取调料。

本设计采用转盘式结构，能够通过旋转选择多种调料，具有设计精巧，节省空间的作用。

4．产品设计内容

图5–13　调味盒设计效果

调味盒设计效果如图5–13所示。转盘式调味盒，包括调料盒和用于连接调料盒的支架，所述调料盒侧面设有用于装取调料的开口，顶面外设有用于悬挂在支架上的挂钩，所述支架包括连接轴、第一盘片和第二盘片，所述连接轴的一端连接第一盘片内侧，另一端连接第二

盘片内侧，中间设有用于连接调料盒的挂钩的弧形凹槽，第一盘片中心和第二盘片中心设有圆形通孔，通孔内侧设有轴套；本实用新型采用转盘式结构，能够通过旋转选择多种调料，具有设计精巧，节省空间的特点。

5.3 产品创新设计过程

5.3.1 案例：纹居拼接家具设计

1．设计课题

创意家居设计。

2．设计方向

运用现有的相关资料以及市场上现有的椅子家具进行统计和分析，通过对现在市场上已有的创意家具的种类，进行改良和设计，充分地体现出：方便、环保和多功能的特点。针对当代人的审美观和通过对组合家具普遍喜欢的颜色和形状的统计，设计出一款新型，具有古典元素的组合式创意家具。

3．调研分析

随着近年来家居装饰的不断升级，作为居室中最能体现设计和文化内涵的家具也在发生明显的变化。家具已从过去单一的实用性转化为装饰性与个性化相结合，因此各种五花八门的新潮家具也相继应市。家具将不再是单一的形态，而是可变化的，就像玩积木那样。

从家具结构来看，家具已从传统的框架式结构转向如今的板块式结构，典型的代表是在国外已流行多年的拆装式家具，即构件家具。厂家只生产家具的部件，由消费者自己像搭积木一样自由组合家具。构件家具的“部件”是通用化的，而其成品则显露出消费者的个性，可经常变换家具的款式，使家具也走向“时装化”。家具这种“化整为零”的方法是先将整个家具化解为若干个小单元，而每个单元又进一步化解为一块块简单的构件，这样的构件组合家具其价格比传统家具更便宜，可塑性更强，可大可小，可添可减，可组合变化，让人常有新鲜的感觉。

未来的生活将更加丰富多彩，家具也日趋个性化、多样化、时装化。人们更喜欢新鲜变化的东西，家具也应走一条新颖变化的路子，打破一成不变的家具式样，赋予家具以鲜活的变幻魅力。让家具环境处于动态变化的环境中，让家具随心而动，随需而变。

4．设计定位

（1）最终设计方向：拼接类可调整创意家具的设计。

（2）针对人群：追求时尚、崇尚生活多变的80后、90后青年一代。

（3）材料选择：压缩胶合板。

5．其他分析

家具应具有方便、环保和多功能的特点，能适合和方便网上销售。针对当代人的审美观和通过对组合家具普遍喜欢的颜色与形状的统计，设计出一款新型，具有古典元素的组合式创意家具。

6．手绘创意设计方案

根据本课题运用思维风暴和模仿法来定制组合家具设计及外形设计，融入了古典钩花元素，让简单的椅子能组合成柜子和桌子。如图5-14至图5-16所示方案，即便携式家用办公桌、椅创意方案。

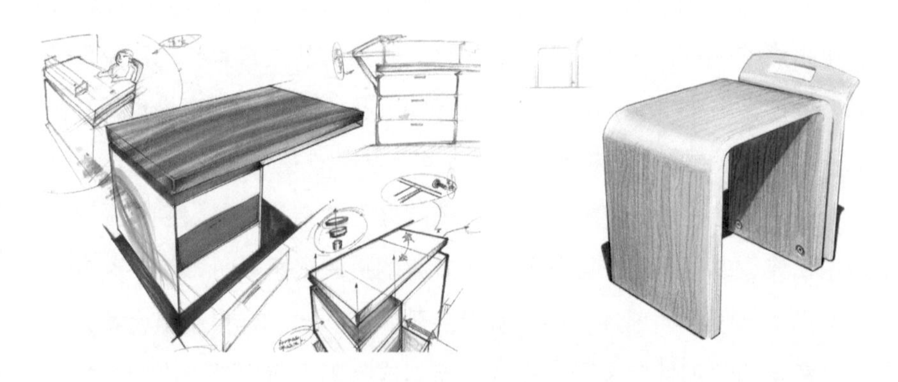

图5-14　家具创意方案——座椅+办公桌设计

图5-15　家具创意方案二——家用书柜创意方案

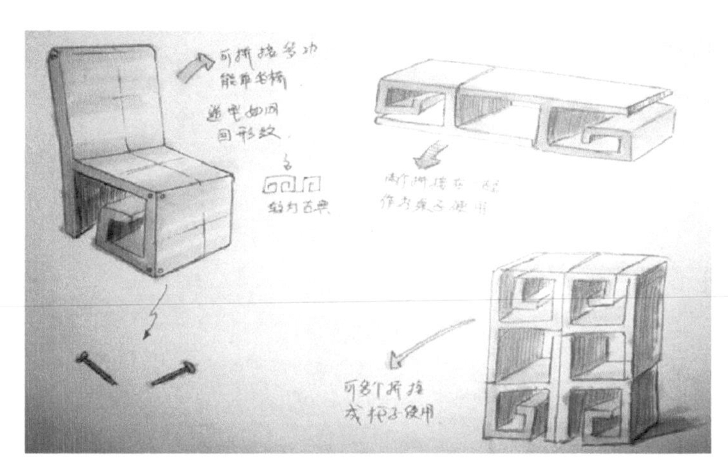

图5-16　创意方案三——拼接家居创意

7. 三维软件建模过程

第一步：打开犀牛5.0，绘制单张椅子的线框图，如图5-17所示。

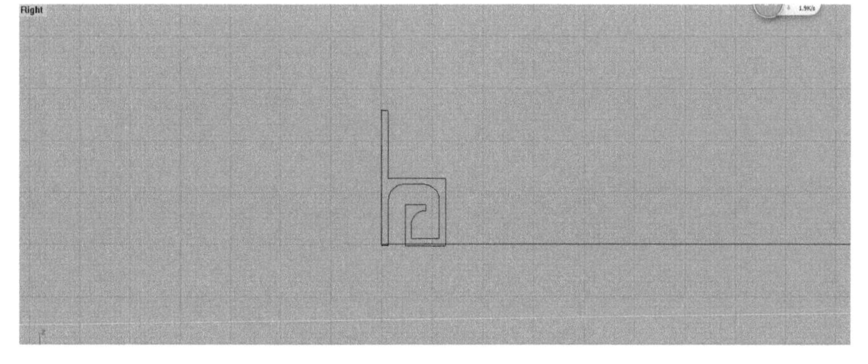

图5-17　Rhnio建模——线框图

第二步：对所绘草图进行拉伸，如图5-18所示。

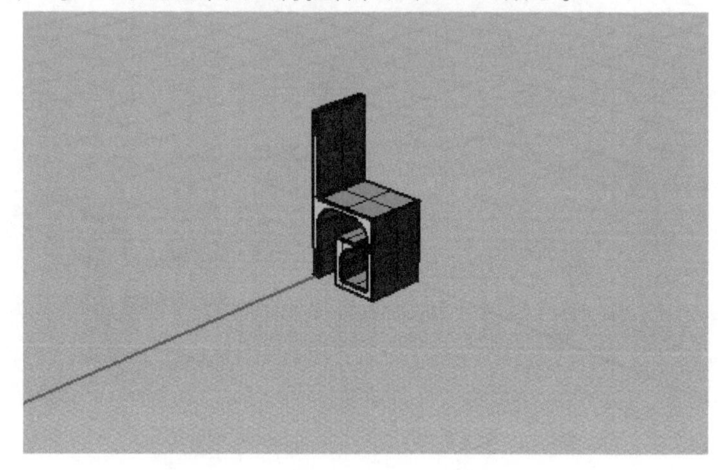

图5-18　Rhnio建模——拉伸

第三步：运用同样的方法做出柜子，如图5-19所示。

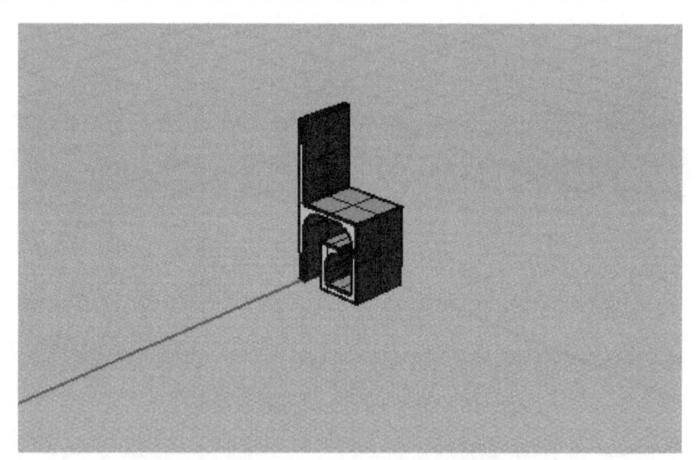

图5-19　Rhnio建模——效果图

第四步：运用同样的方法做出桌子，如图5-20所示。

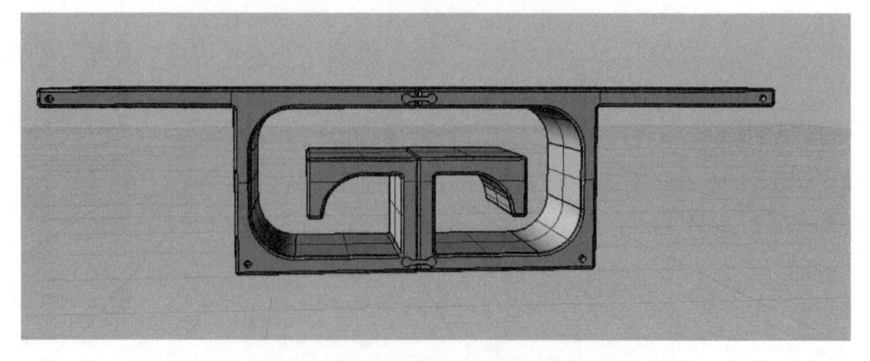

图5-20　Rhnio建模——拼接效果图

8. 设计渲染及效果图

一张椅子的设计效果，如图5-21所示；也可以组装桌子，如图5-22所示。

图5-21　一张椅子

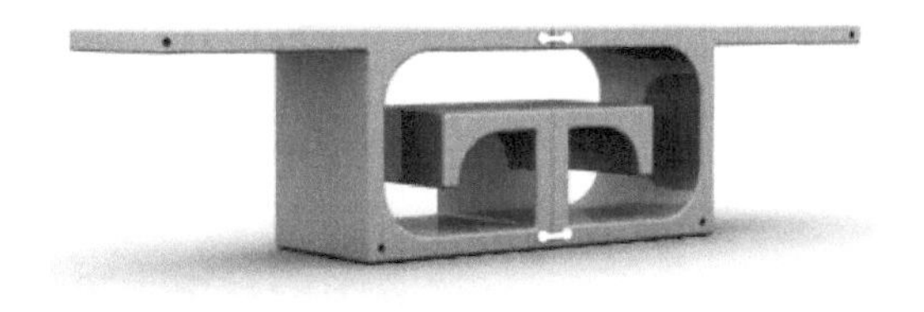

图5-22　两张椅子拼成桌子

可以组装柜子和书柜，如图5-23和图5-24所示。

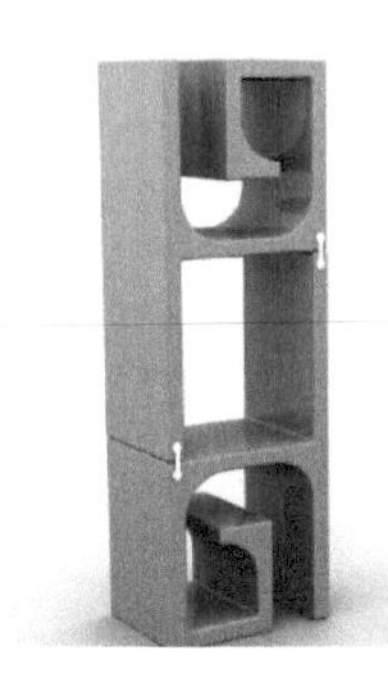

图5-23　两张椅子拼成柜子

图5-24　拼接效果图——书柜

整体拼接家具柜子、椅子、桌子，如图5-25和图5-26所示。

图5-25　拼接示意图

图5-26　各种拼接效果展示

5.4　产品创新设计与专利申报

5.4.1　案例：饮用水换水车设计

1．研究现状

在日常生活中，饮水机的使用越来越广泛了，而换水对于很多人来说都是很吃力的，甚至是无法完成的任务。比如像办公室用水量大的地方，完全可以使用一个换水车来解决日常的换水问题。

2．设计目的

新型设计的目的是提供一种结构简单，操作方便，便于饮水机换水的小型手动换水车，具体涉及办公室等人多场所的使用。

3．产品构思

根据研究现状，比如在办公室或学校用水量大的地方，增加一天换水的频率，提高了换水时的工作强度，水桶易损坏。 本设计要解决的技术问题就是提供一种饮用水换水车，可有效解决现有饮水机换水

时存在工作强度大的问题。

4. 产品设计内容

此饮用水换水车设计，只需将车推到桶装水放置的地方，将桶装水置于支架内，固定好后，先进行180° 翻转，再实现上升，这样操作快捷、省力。

本设计细节结构包括支架，支架包括底座和两根平行设置在底座上的立柱，两根立柱之间设有固定水桶的固定组件，固定组件上连接有控制固定组件旋转180° 的翻转组件，翻转组件活动连接在支架上，底座上设有驱动翻转组件升降的升降组件，底座的底端设有移动滚轮。本设计的优点：①通过固定组件将饮用水桶固定在支架上，并通过翻转组件将固定组件旋转180° ，固定组件带动饮用水桶旋转180° ，并通过升降组件实现翻转组件的升降，从而实现了对饮用水桶的升降操作，便于饮用水桶的固定，固定效果好；②底座上设有的移动滚轮，实现了支架的移动，能顺利地移动至放有饮水机的办公区域，降低了现有人工换水的工作强度，避免了饮用水桶的损坏。

饮用水换桶车设计效果图和设计细节图分别如图5-27和图5-28所示。

5. 专利申请说明书撰写（实用新型专利+发明专利）

下面以一种饮用水换水车为例介绍专利申请说明书撰写。

一种饮用水换水车

技术领域

本实用新型涉及一种饮用水换水车。

背景技术

在日常生活中，饮水机的使用是越来越广泛了，而换水对于很多人来说都是很吃力的，甚至是无法完成的任务，比如像办公室或学校用水量大的地方，一天换水的频率很高，提高了换水时的工作强度，而且水桶易损坏。

实用新型内容

本实用新型要解决的技术问题就是提供一种饮用水换水车，可有效解决现有饮水机换水时存在工作强度大的问题。

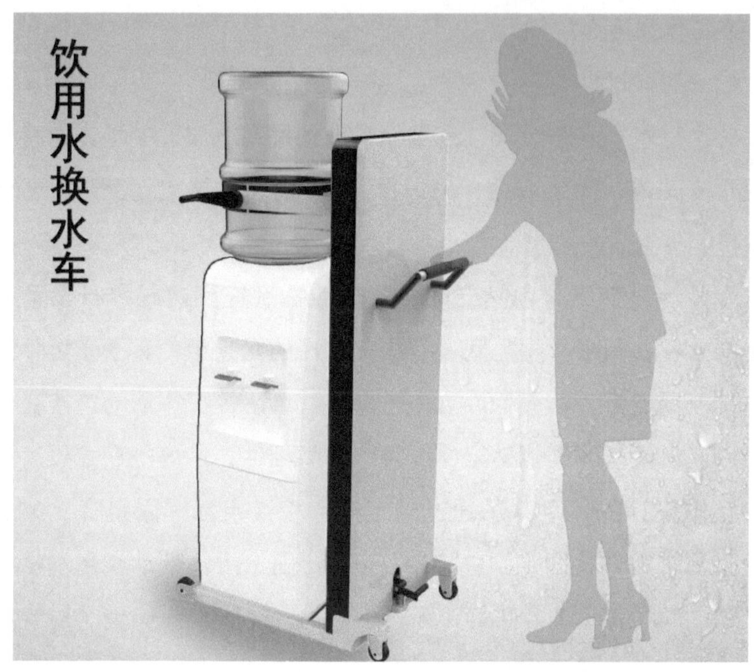

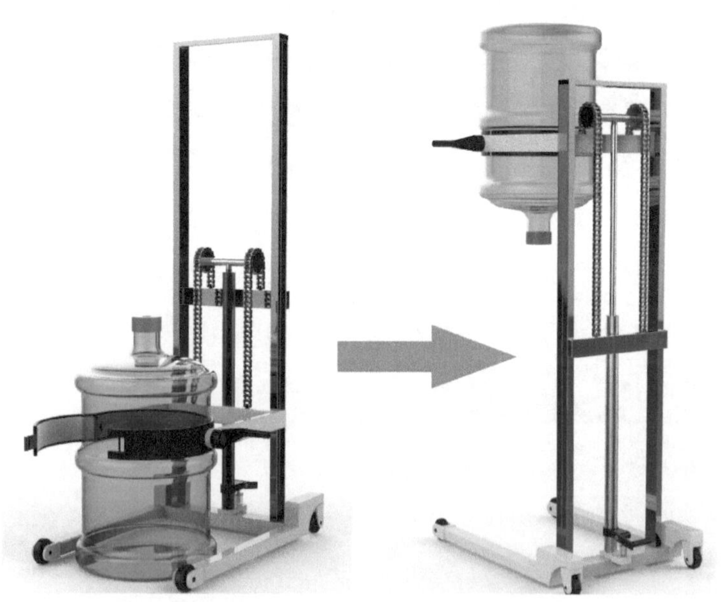

图5-27　饮用水换桶车设计效果图

为了解决上述技术问题，本实用新型是通过以下技术方案实现的：一种饮用水换水车，包括支架，支架又包括底座和两根平行设置在底座上的立柱，两根立柱之间设有固定水桶的固定组件，固定组件上连接有控制固定组件旋转180°的翻转组件，翻转组件活动连接在支架上，底座上设有驱动翻转组件升降的升降组件，底座的底端设有移

动滚轮。

细节展示

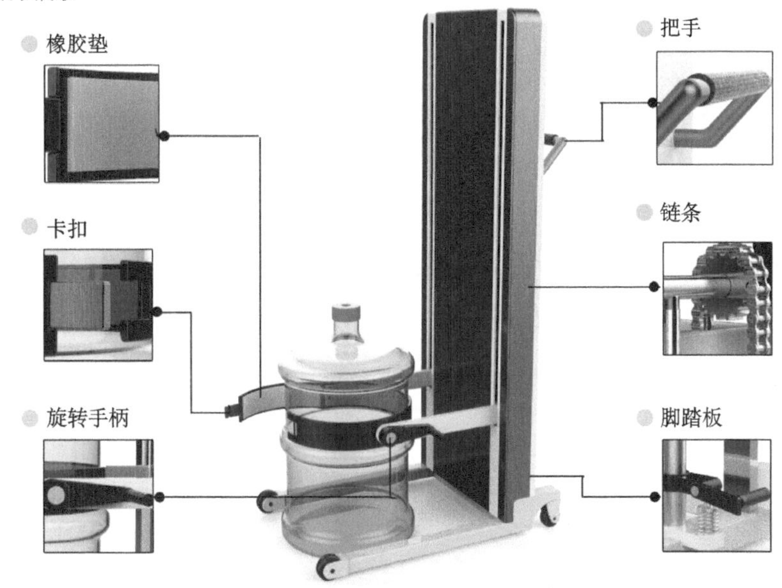

图5-28 设计细节图

固定组件包括第一圆弧部、第二圆弧部和第三圆弧部，第二圆弧部的一端转动连接在第一圆弧部上，第三圆弧部的一端转动连接在第一圆弧部上，第二圆弧部的另一端通过卡扣固定连接在第三圆弧部上，第三圆弧部上设有固定卡扣的卡槽，翻转组件与第一圆弧部相连，能适应不同型号的饮用水桶，实用性能好，通过第二圆弧部转动连接在第一圆弧部上，便于饮用水桶的安装拆卸，通过卡槽和卡扣的设置，防止饮用水桶的脱落，提高固定效果，翻转组件与第一圆弧部相连，能实现对固定组件的翻转。

翻转组件包括连接机构和旋转机构，连接机构包括第一连接杆、第二连接杆和横杆，横杆的一端与第一连接杆相连，横杆的另一端与第二连接杆相连，第一连接杆的一端活动连接在立柱上，第二连接杆的一端活动连接在立柱上，第一圆弧部通过销轴转动连接在第二连接杆的另一端，旋转机构设置在第一连接杆的另一端，升降组件与横杆相连，通过连杆机构实现固定组件与支架的连接，连接可靠，通过旋转机构实现对固定组件的旋转，旋转效果好。

旋转机构包括主动轮和从动齿轮，从动齿轮通过从动轴固定连接在第一圆弧部上，主动轮上设有与从动齿轮配合的驱动齿，驱动齿在主动轮上的圆心角为180°，主动轮上的主动轴连接第一连接杆上。主动轴上设置有旋转手柄，通过从动齿轮在主动轮的驱动齿上啮合180°，从而实现固定组件的翻转和固定组件中固定的饮用水桶翻转180°，便于饮用水桶固定在饮水机上。旋转手柄的设置，便于操作人员操作。

旋转手柄与主动轴可拆卸连接，第一连接杆上设置有固定旋转手柄的挂钩，防止旋转手柄的脱落，减少旋转手柄的损坏。

第二圆弧部的内侧壁和第三圆弧部的内侧壁上均设置有橡胶垫，提高了固定组件与饮用水桶之间的夹紧力，防止升降组件升降时饮用水桶的滑动。

升降组件包括液压机构和链条，液压机构又包括液压缸和活塞杆。液压缸固定连接在底座上，活塞杆上设置有连杆，连杆上设有与链条配合的链轮。链条的一端与横杆相连，立柱上连接有固定链条的另一端的横板。横板滑动连接在立柱上，通过液压机构的工作来带动链条活动，从而实现横杆的升降，带动固定组件的升降，实现饮用水桶的固定。

液压机构为电动推杆，电动推杆上连接有电源组件。电源组件固定连接在底座上，操作的灵活度高，操作方便，安全可靠，减少了起升的工作强度。

立柱上设有导向槽，第一连接杆和第二连接杆上均设有导向块，保证了升降时固定组件的平稳性。

立柱的顶端设有限位横杆，立柱上设有把手。限位横杆的设置，可以防止横杆脱离立柱，安全性能高。把手的设置，便于操作人员移动。

综上所述，本实用新型的优点：①通过固定组件将饮用水桶固定在支架上，并通过翻转组件将固定组件旋转180°，固定组件带动饮用水桶旋转180°；②通过升降组件实现翻转组件的升降，从而实现了对饮用水桶的升降，便于饮用水桶的固定，固定效果好；③底座上设有移动滚轮，实现了支架的移动，能顺利地移动至放有饮水机的办公区域，降低了现有人工换水的工作强度，避免了饮用水桶的损坏。

附图说明

下面结合附图对本实用新型作进一步说明。

图5-29为本实用新型一种饮用水换水车的结构示意图；

图5-30为本实用新型固定组件与翻转组件连接的结构示意图；

图5-31为固定水桶组件的局部放大图；

图5-32为本实用新型旋转机构的结构示意图；

图5-33为本实用新型升降组件的结构示意图。

图5-34 为本实用新型支架结构示意图。

具体实施方式

如图5-29至图5-32所示，一种饮用水换水车，包括支架1。支架1包括底座11和两根平行设置在底座11上的立柱12。两根立柱12之间设有固定水桶的固定组件2。固定组件2上连接有控制固定组件2旋转180° 的翻转组件3。翻转组件3活动连接在支架1上。底座11上设有驱动翻转组件3升降的升降组件4。底座11的底端设有移动滚轮13。固定组件2包括第一圆弧部21、第二圆弧部22和第三圆弧部23。第二圆弧部22的一端转动连接在第一圆弧部21上，第三圆弧部23的一端转动连接在第一圆弧部21上。第二圆弧部22的另一端通过固定卡扣25固定连接在第三圆弧部23上，第三圆弧部23上设有固定卡扣25的卡槽26，翻转组件3与第一圆弧部21相连，能适应不同型号的饮用水桶，实用性能好。通过第二圆弧部转动连接在第一圆弧部上，便于饮用水桶的安装拆卸。通过卡槽和卡扣的设置，防止饮用水桶的脱落，提高固定效果。翻转组件与第一圆弧部相连，能实现对固定组件的翻转。第二圆弧部22的内侧壁和第三圆弧部23的内侧壁上均设置有橡胶垫27，提高了固定组件与饮用水桶之间的夹紧力，防止升降组件升降时饮用水桶的滑动。

翻转组件3包括连接机构31和旋转机构32，连接机构31包括第一连接杆311、第二连接杆312和横杆313。横杆313的一端与第一连接杆311相连，横杆313的另一端与第二连接杆312相连，第一连接杆311的一端活动连接在立柱12上。第二连接杆312的一端活动连接在立柱12上。第一圆弧部21通过销轴转动连接在第二连接杆312的另一端，旋转机构32设置在第一连接杆311的另一端，升降组件4与横杆313相连。通过连杆机构实现固定组件与支架的连接，连接可靠。通过旋转机构实现对固定组件的旋转，旋转效果好。旋转机构32包括主动轮321和从动齿轮322。从动齿轮322通过从动轴320固定连接在第一圆弧部21上。主动轮321上设有与从动齿轮322配合的驱动齿323，驱动齿323在主动轮321上的圆心角为180° 。主动轮321上连接有主动轴324连接第一连接杆311上。主动轴324上设置有旋转手柄33，通过从动齿轮在主动轮的驱动齿上啮合180° ，从而实现固定组件的翻转，进而实现固定组件中固定的饮用水桶翻转180° ，便于饮用水桶固定在饮水机上。旋转手柄的设置，便于操作人员操作，旋转手柄33与主动轴324可拆卸连接。第一连接杆311上设置有固定旋转手柄33的挂钩314，防止旋转手柄的脱落，减少旋转手柄的损坏。

升降组件4包括液压机构41和链条42，液压机构41包括液压缸和活塞杆。液压缸固定连接在底座11上，活塞杆上设置有连杆43。连杆43上设有与链条42配合的链轮44，链条42的一端与横杆相连，立柱12上连接有固定链条的另一端的横板14。横板14滑动连接在立柱12上，通过液压机构的工作来带动链条活动，从而实现横杆的升降，进而带动固定组件的升降，实现饮用水桶的固定。立柱12上设有导向块13，第一连接杆311和第二连接杆312上均设有导向槽14，操作的灵活度高，操作方便，安全可靠，减小了起升的工作强度。立柱12上设有导向槽14，第一连接杆311和第二连接杆312上均设有导向块13，保证了升降时固定组件的平稳性。立柱12的顶端设有限位横杆15，立柱12上设有把手16，限位横杆的设置，防止横杆脱离立柱，安全性能高，把手的设置，便于操作人员移动。

使用时，将装满饮用水的饮用水桶固定在固定组件2内，通过第二圆弧部22和第三圆弧部23上的卡扣225和卡槽26固定，使橡胶垫27贴合饮用水桶，防止饮用水桶的下滑，提高了固定效果。然后通过旋转手柄32控制旋转机构32使固定组件2绕销轴旋转180° ，使饮用水桶翻转180° ，然后通过液压机构41的上升来控制横杆313的上升，从而实现了饮用水桶的上升。通过移动滚轮13将支架1移动至饮水机处，再通过液压机构41的下降控制饮用水桶的下降，使饮用水桶固定在饮水机上。通过移动滚轮13可以将支架1移动至任一放置有饮水机的办公区域。

除上述优选实施例外，本实用新型还有其他的实施方式，本领域技术人员可以根据本实用新型作出各种改变和变形。只要不脱离本实用新型的精神，均应属于本实用新型所附权利要求所定义的范围。

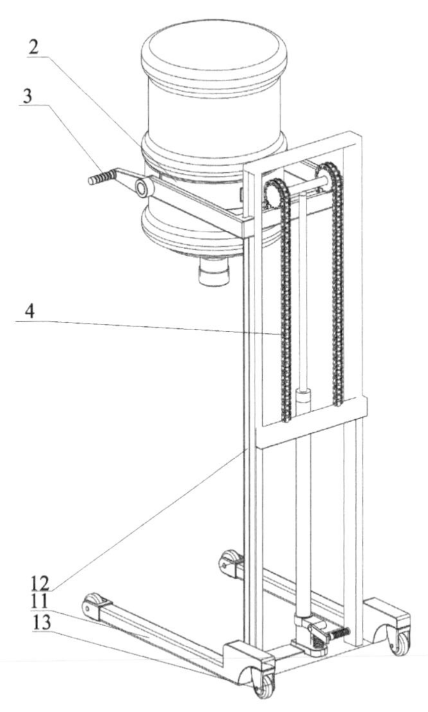

2-固定组件；3-翻转组件；4-升降组件；11-底座；12-立柱；13-移动滚轮

图5-29　一种饮用水换水车的结构示意图

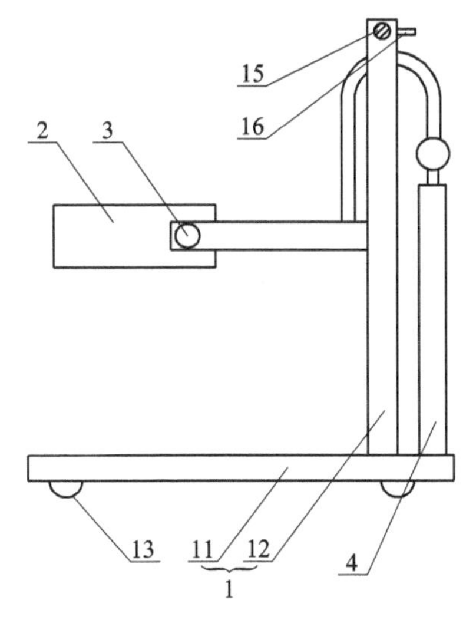

1-支架；2-固定组件；3-翻转组件；4-升降组件；11-底座；12-立柱；13-移动滚轮；15-限位横杆；16-把手

图5-30　固定组件与翻转组件连接的结构示意图

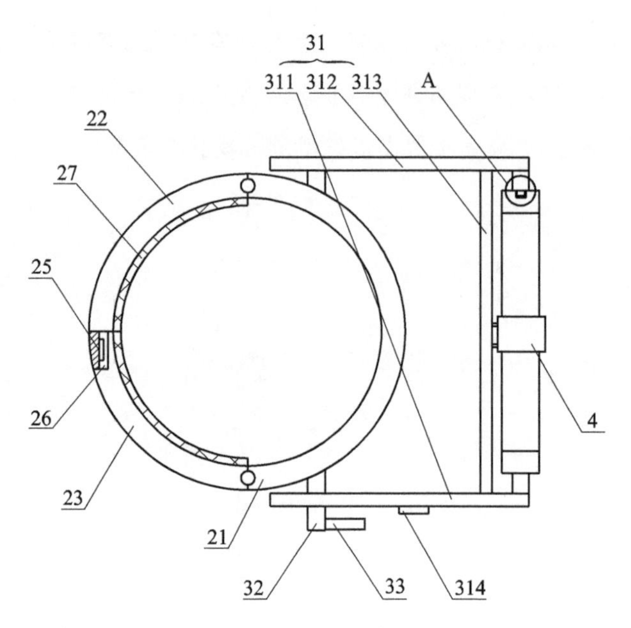

4–升降组件；21–第一圆弧部；22–第二圆弧部；23–第三圆弧部；25–固定卡扣；26–卡曹；27–橡胶垫；31–连接结构；32–旋转机构；33–旋转手柄；311–第一连接杆；312–第二连接杆；313–横杆；314–挂构

图5–31 局部放大图

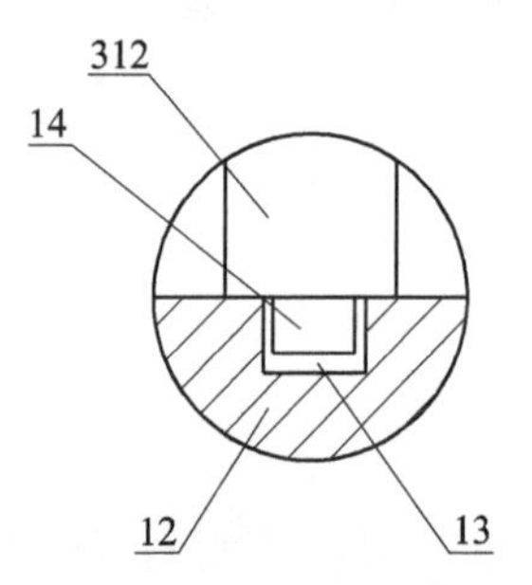

12–立柱；13–移动滚轮；14–导向槽；312–第二连接杆

图5–32 旋转机构的结构示意图

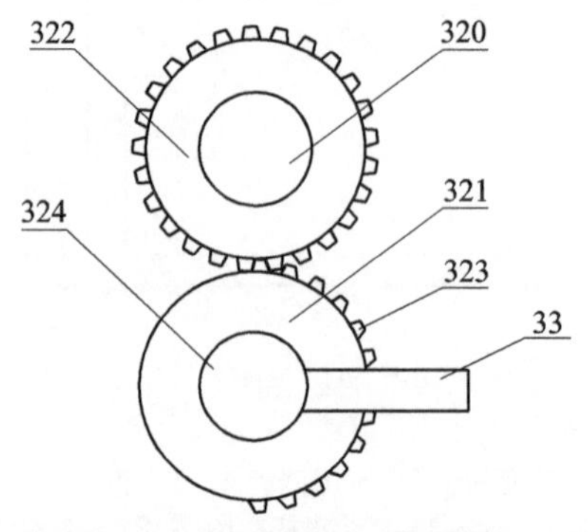

33–固定旋转手柄；320–从动轴；321–主动轴；322–从动齿轮；323–驱动齿；324–主动轴

图5–33 升降组件的结构示意图

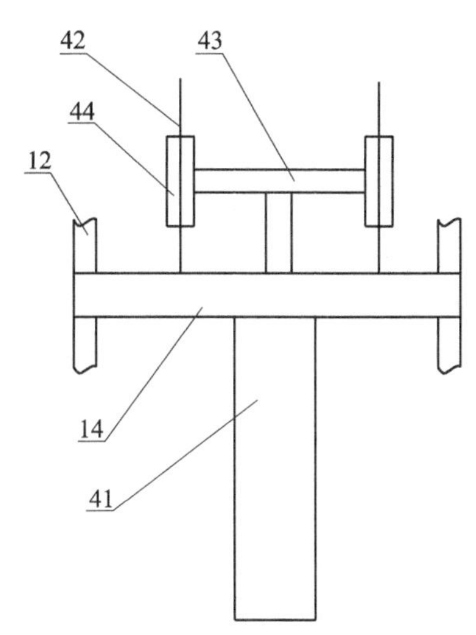

12-主柱；14-导向槽；41-液压机构；42-链条；43-连杆；44-链轮

图5-34　支架结构示意图

5.4.2　案例二：一种婴儿提带学步推车

1．设计课题

婴童类用品创新设计

2．市场分析

宝宝学走路这个阶段是个非常关键的时期，但是现有的学步车存在危险、劣质等问题，且刚学走路的宝宝总是会前倾后仰，而且很多现有学步车存在极大的安全隐患，所以针对以上问题进行改良创新设计。现有学步车如图5-35所示。

图5-35　现有学步车

3．设计定位

此款学步车造型采用流线型设计，更加时尚、美观，学步带方面增加了调节高度的功能，适合于不同身高的宝宝。轮胎上采用包轮设计，更加安全。推的手把处设置了控制学步带的按钮，让家长可以随时控制宝宝的松紧度。此款学步车主要针对的消费人群是一般家庭。

4．设计过程

（1）创意思维与手绘方案

设计者通过思考设计了三款方案，每款方案各有特点，但根据用户心理学分析和市场调研，发现前两款与现有设计区别并不大，感觉第三款方案更有创新性和市场前景，因此设计者在第三款方案设计基础上进行了优化和完善。创意方案如图5-36至图5-39所示。

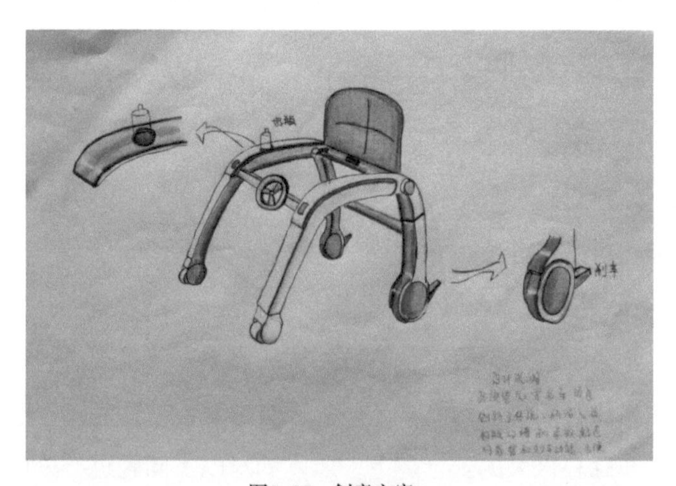

图5-36　创意方案一

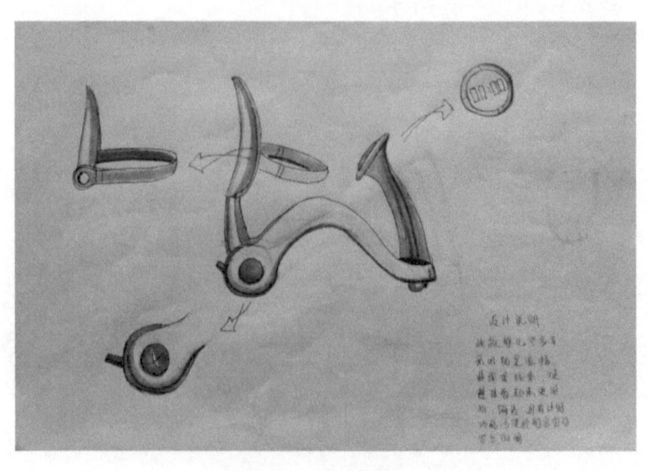

图5-37　创意方案二

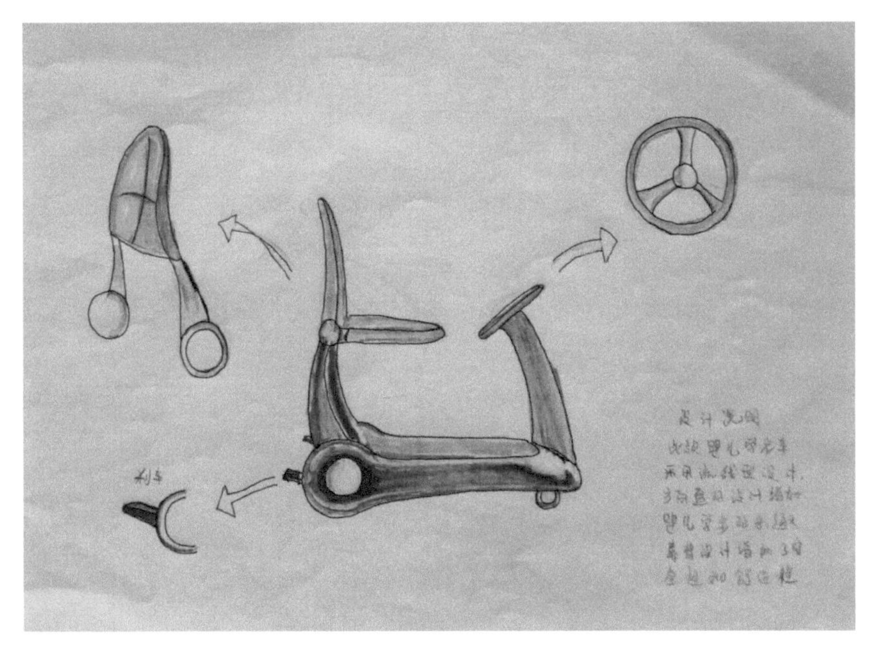

图5-38　创意方案三

图5-39　在创意方案三基础上形成最终方案

（2）三维建模及效果渲染

设计效果表现如图5-40所示。

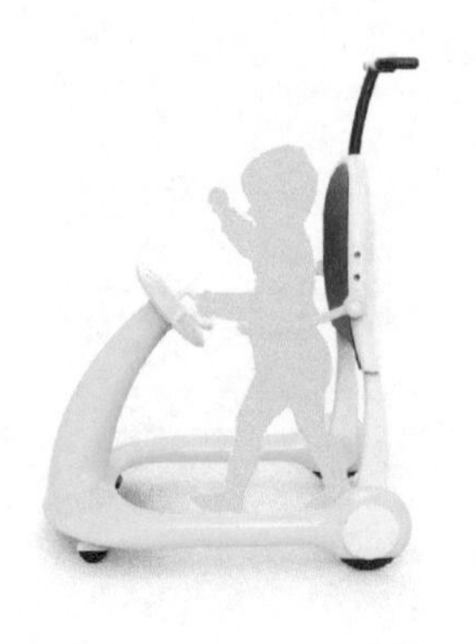

图5-40　设计效果表现

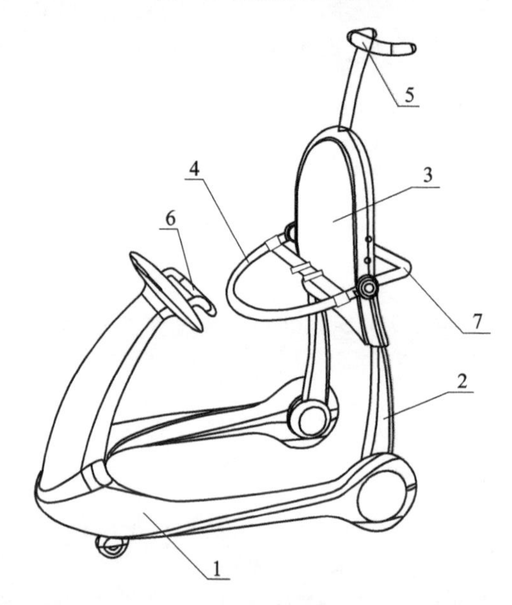

1-车架；2-支架；3-靠垫；4-婴儿提带；5-把手；6-婴儿把手；7-后把手

图5-41　设计结构分解

此款婴儿提带学步推车其结构如图5-41所示，由带有四个车轮的车架1、支架2、可以调节高度的靠垫3、婴儿提带4、家长使用的把手5、婴儿把手6、婴儿推车后把手7组成。

（3）设计色彩系列

色彩系列表现如图5-42所示。

（4）产品的功能及原理

本设计使用戴在婴儿腰部以上位置的婴儿提带取代传统婴儿车的胯带座位，并且设有婴儿推车把手使婴儿具有更大的自主移动能力，二合一的功能可以适用于婴儿不同年龄阶段，这样的设计克服了背景

技术的不足，使婴儿车的实用性更大。

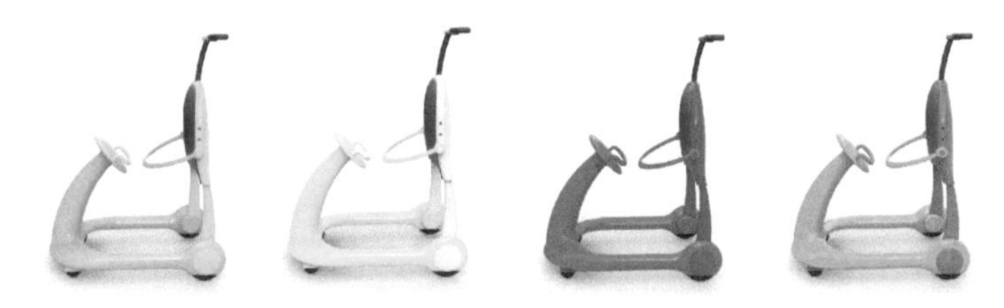

图5-42 色彩系列表现

本设计结合多种功能一体化的设计将学步提带和学步推车的功能结合，既改变了传统学步推车的模式，还将学步提带的功能与之一体化。这样的设计让婴儿摆脱固定姿势学步的束缚，提高了学步车的功能拓展性与实用性，婴儿站立在本学步车内更稳健，可以得到更好的学步效果，并且学步时更安全。展板设计如图5-43所示。

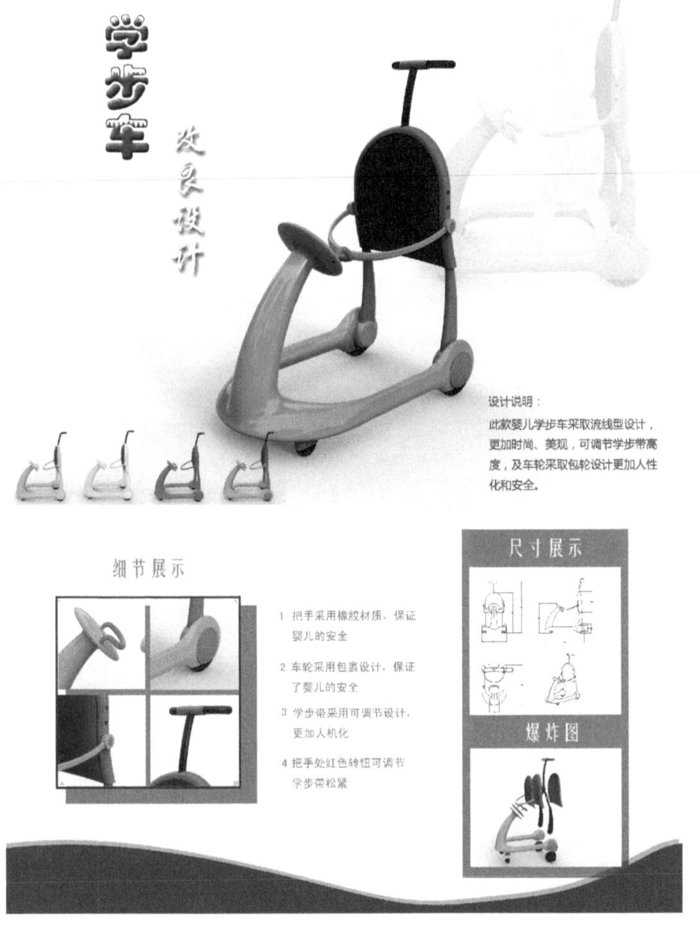

图5-43 展板设计

5．专利申请说明书撰写（实用新型专利）

实用新型设计专利申请及资料如图5-44所示。

图5-44　申请实用新型专利所要提交的材料

实用新型专利说明书：一种婴儿提带学步推车

技术领域

本实用新型涉及一种婴儿学步推车，具体是一种具有多种功能合为一体的婴儿学步推车。

背景技术

婴儿学步车已经成为不少有婴幼儿家庭的必备用品，但是传统的普通学步车将婴儿固定在车内，使婴儿失去了大运动锻炼的机会，因为学步是需要力气的。而坐在学步车里的孩子需要活动时可以借助车轮毫不费力的滑行，缺乏真正的自主锻炼。婴儿长期使用普通学步车会出现双腿发育异常，传统学步车可能给婴儿造成的间接伤害较大且束缚了婴儿的自主性，对此问题并没有好的解决办法。

发明内容

本实用新型需要解决的技术问题是，使用戴在婴儿腰部以上位置的婴儿提带取代传统婴儿车的胯带座位，并且设有婴儿推车把手使婴儿具有更大的自主移动能力，二合一的功能可以适用于婴儿不同年龄阶段，这样的设计克服了背景技术的不足，使婴儿车的实用性更大。

本实用新型结合多种功能一体化的设计将学步提带和学步推车的功能结合，既改变了传统学步推车的模式，还将学步提带的功能与之一体化。这样的设计让婴儿摆脱固定姿势学步的束缚，提高了学步车的功能拓展性与实用性。婴儿站立在本学步车内更稳健，可以得到更好的学步效果，并且学步时更安全。

经实验发现，带有滑轮的车架为三角锥结构，这样的设计使整个车身具有更高的稳定性，婴儿在使用时也更加安全。

本实用新型原理简单，造型新颖独特，不仅解决了传统婴儿车的束缚问题，而且使婴儿学步更加稳健扎实。由于使用三角锥车体结构让学步车变得轻巧坚固，因此该学步车具有更高的实用性，并且降低了制作成本。

附图说明

如图5-45所示的是本实用新型的立体结构示意图。图中，1为带有车轮的车架，2为支架，3为可以调节高度的靠垫，4为婴儿提带，5为家长使用的把手，6为婴儿把手，7为婴儿推车后把手。

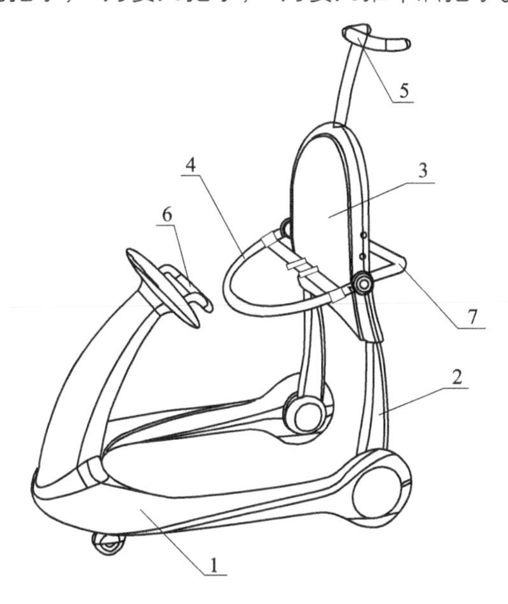

1–车架；2–支架；3–靠垫；4–婴儿提带；5–把手；6–婴儿把手；7–后把手

图5-45 本实用新型的立体结构示意图

具体实施方式

下面结合附图（见图5-45），对本实用新型的技术方案作进一步具体的说明。

本实施例的婴儿提带学步推车，带有四个车轮的车架1，其后面设有支架2和可以调节高度的靠垫3，靠垫3上设有婴儿提带4和家长使用的把手5，带有四个车轮的车架1的前面还设有婴儿把手6，靠垫3的后面还设有婴儿推车后把手7。

本实用新型的部件由车体、定向车轮、动向车轮、婴儿把手、婴儿提带、靠垫，婴儿推车后把手，家长把手、支架组成。车体采用三角锥结构提高了整车的稳固性，动向车轮和定向车轮的配合在使用时提高了安全性能。婴儿可以戴着提带式学步带扶着婴儿把手学步，也可以握着婴儿推车后把手练习，大大提高了学步的自主性与能动性。家长也可以使用家长推手来保护和帮助婴儿学步。该学步车结合多种功能于一体，不仅安全稳定，还可以让婴儿得到更好的学步效果，且适用于婴儿的各种阶段以满足学步的需要。经实践检验该婴儿车具有很好的方向性与操控性，相比传统婴儿学步车而言该婴儿提带学步推车更加舒适、安全、有效。

课后总结与习题训练

一、要点提示

1．改变型和重组型设计案例；

2．产品设计的基本流程；

3．专利申报基础知识。

二、思考与练习

1．通过本章的学习，利用改变型和重组型设计的方法进行产品设计；

2．产品设计专利申报书主要提交哪些资料?

三、撰写论文

选择某一产品，对其进行充分的市场调研和设计定位，然后对其进行产品创新设计，最终按专利申报要求撰写产品设计专利说明书及其他相关专利申报文档。

第 6 章

产品创新设计

经典产品创新设计评析

6.1 国内外优秀设计案例赏析

1．蝶恋花空气净化器设计

设计评析：此设计采用造型仿生手法，充分挖掘自然界中蝴蝶翅膀上的优美纹路进行线条的抽取和再塑造，以一种全新的设计造型呈现，设计简洁、大方，造型小巧，适合放置在办公桌上，净化、清新空气。蝶恋花空气净化器如图6-1所示。

图6-1　蝶恋花空气净化器（本设计引自“学犀牛中文网”）

2．闹钟设计

设计评析：此闹钟设计上完全打破了传统闹钟的显示形式，以光斑移动方式进行时间显示，在设计上是一种全新的创新。另外，造型上采用水滴倒置的造型设计，仿生应用非常合理，整体造型简约时尚，色彩搭配合理，是一个非常成功的设计创新。闹钟设计如图6-2所示。

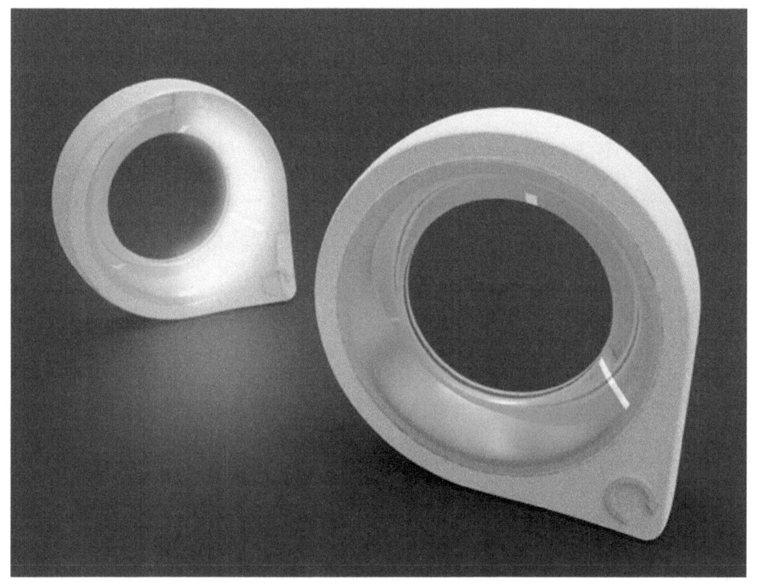

图6-2　闹钟设计（本设计引自 www.billwang.net）

3．户外防水插头设计

设计评析：户外防水插头不同于普通的家用插座，在商业汇演、商业宣传等方面经常使用，设计师以警示色为主打色，外形较为硬朗，在结合处加了橡胶环，外形制作封闭防水，以透明和不透明的设计方式，让用户操作方便、安心，整体尺寸符合人机工学，手握非常舒服。户外防水插头设计如图6-3所示。

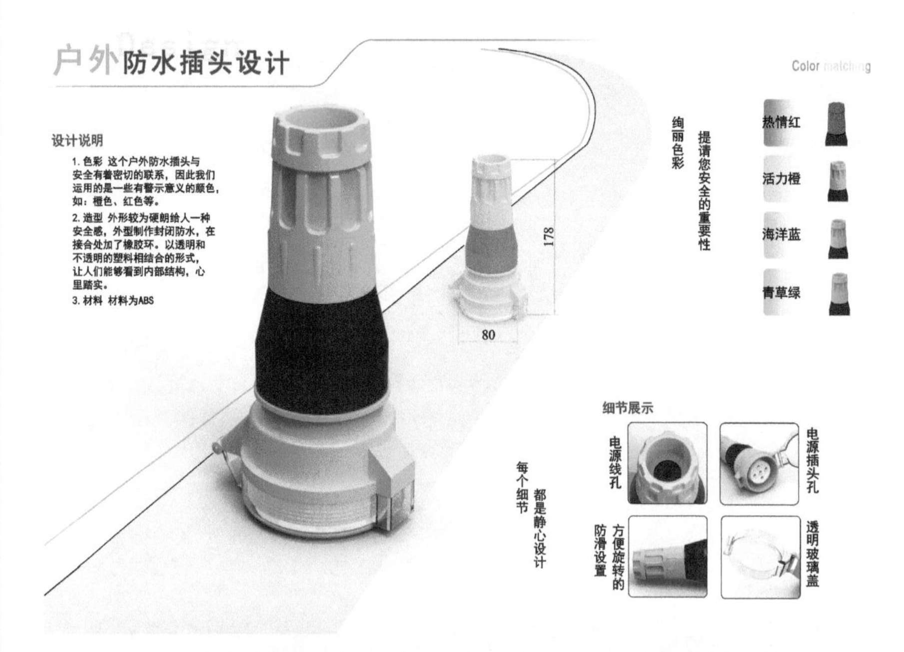

图6-3　户外防水插头设计（设计者：胡琴，某省大学生工业设计大赛铜奖）

4．垃圾桶创意设计

设计评析：用户在丢垃圾时，只要轻轻一拽，就可以用胶带将塑料袋封死。其原理来源于超市塑封机，设计简约，创新度高，是一个非常不错的设计，如图6-4所示。

5．防爆锤设计

设计评析：此设计人机工程学设计非常合理，尺寸大小、长短合适，符合大部分使用者的手掌操作尺寸，而且在手握处增加防滑细节凹槽结构，尾部设计挂靠勾结构，细节处理得当，设计感强，如图6-5所示。

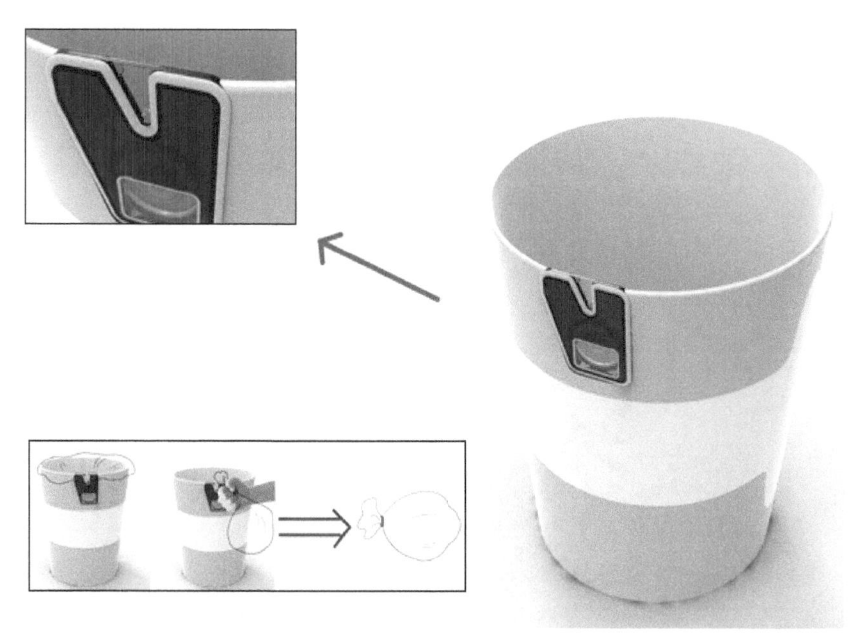

图6-4　垃圾桶创意设计（本设计引自 www.billwang.net）

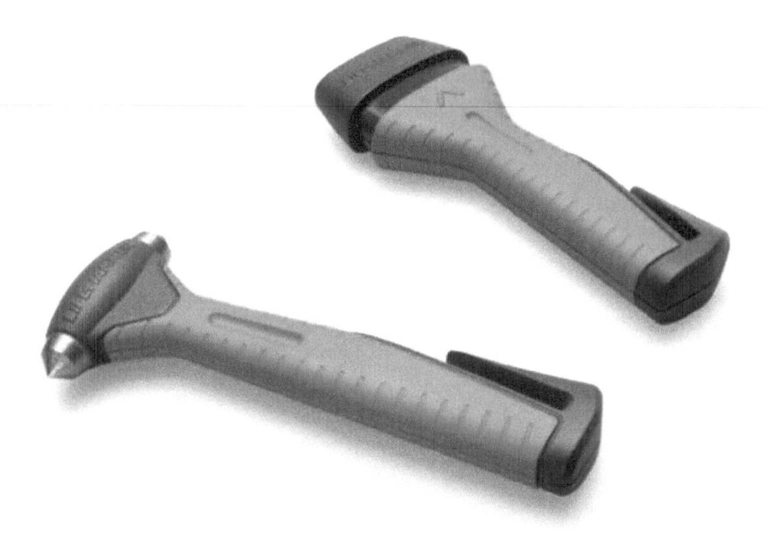

图6-5　防爆锤设计（本设计引自 www.billwang.net）

6．母子救生圈设计

设计评析：现有救生圈往往比较单一，一般只能一人使用。而这款设计，很好地考虑了带婴儿妈妈在落水时的情况，既能自救还能很好地保护自己的孩子，设计上符合消费者的特殊使用需求，如图6-6所示。

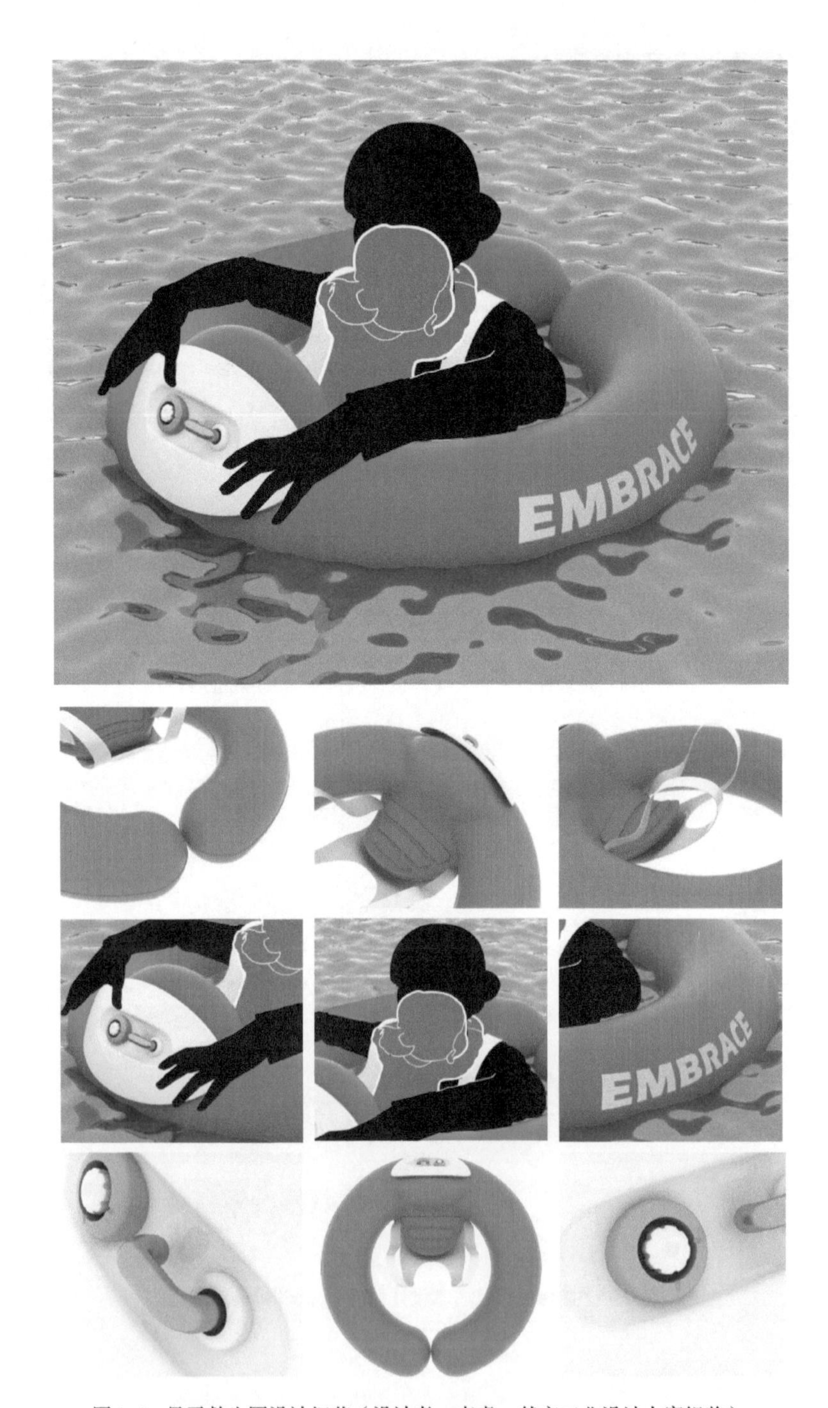

图6-6　母子救生圈设计细节（设计者：李睿，某市工业设计大赛银奖）

7．向日葵太阳能充电器

设计评析：Emami Design设计的一款像向日葵一般的太阳能充电器，底座下方设有USB接口，可以为各种型号的手机完成充电。它的

头部带有枢纽，花瓣是由四块太阳能板组成的，可以转向任意方向，无论太阳怎么变换位置，它都可以迎面配合来“吸收能量”，像朵花似的，无论摆放在房间哪里都很好看如图6-7所示。

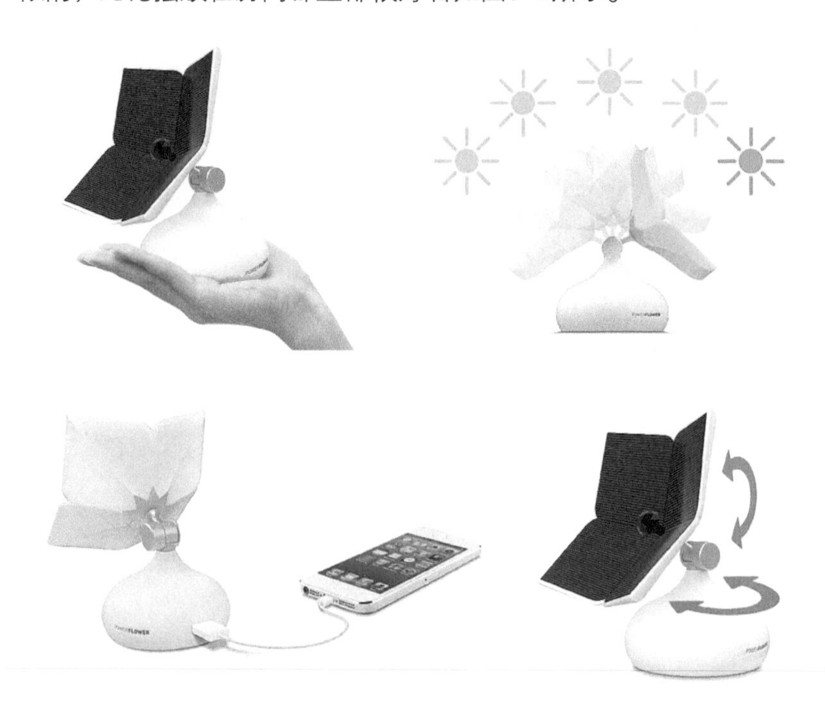

图6-7　向日葵太阳能充电器（本设计引自 www.billwang.net）

8．加热片创意设计

设计评析：为了让用户能够在寒冷的冬天得到足够的温暖，设计师设计了这个三联体加热片。它是由四片可以发热的电热板组成的。独特的插接方式，使得它的造型格外得时尚，就好像是一个精致的艺术品。它可以为周围很大的空间提供温暖，将它放在你的书桌上或者办公桌上，会感觉非常的温暖，舒服，如图6-8所示。

9．可视化除菌水龙头

设计评析：此设计突破传统水龙头造型和功能形式，融合花洒的设计造型和结构，加上高科技紫外杀菌功能，每次洗手的时候只需要把手放在水龙头下方一分钟便可达到除菌的效果，而且可以看到手上细菌的密集程度。整个设计造型美观大方，细节设计完善，是一个经典的设计案例，如图6-9所示。

图6-8　加热片创意设计图（本设计引自 www.billwang.net）

10．可折叠的运输箱

设计评析：Bellows Bottle 是一款可折叠的运输箱，设计灵感来源于折纸或手风琴结构，主要用于运输液体。手风琴式的箱体结构让它可以充分展开，装入更多的液体；倒出时往下压箱体，让液体从连接的管口溢出即可。闲置时它占地很小，便于收纳整理。可折叠的运输箱如图6-10所示。

11．高效捡网球的机器人

设计评析：这款名为Tennis Ball Boy的机械可以高效拾取很多散落在地面的网球。设计师从真空吸尘器中获得灵感，并结合了超细纤维材料，就像魔术贴一样可以将网球粘起来。Tennis Ball Boy内置了太阳能电池板，可以为用户提供更加清洁便利的使用方式。它的使用非常简单，只要在地上走一圈，就可以将网球收集在中间的存放仓内，有了这款机器人，我们就可以更加开心地打网球了。高效捡网球的机器人如图6-11所示。

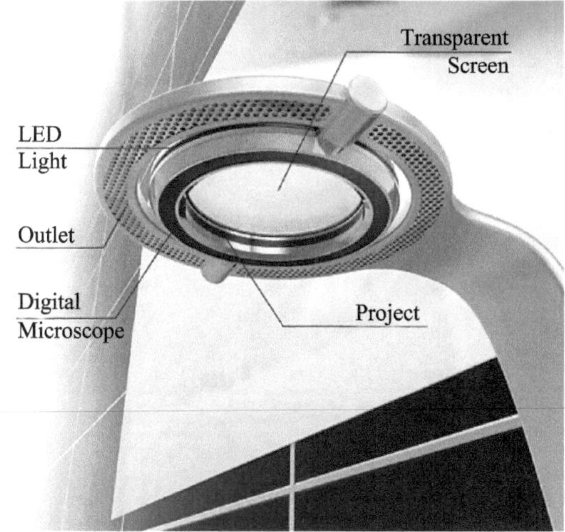

Before

The faucet tums on by the infrared sensor and starts scanning the hands. The faucet displays the bacteria condition of both hands on the transparent screen and shines the red light as warning.

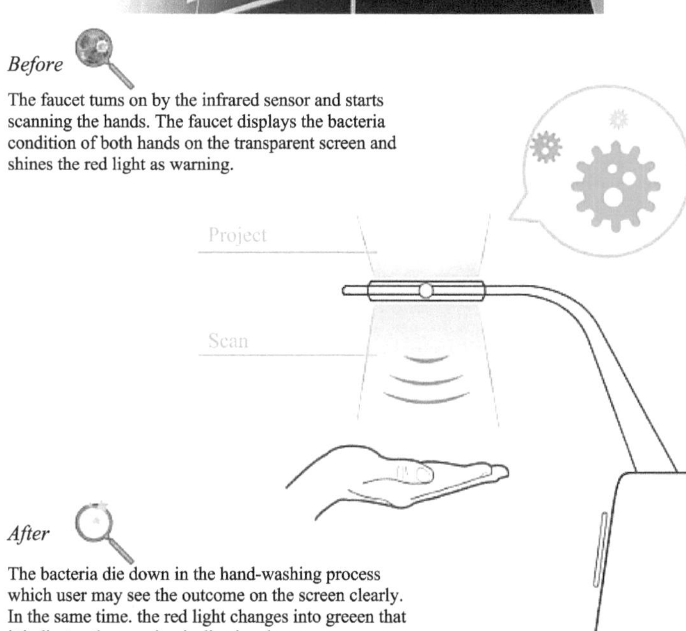

After

The bacteria die down in the hand-washing process which user may see the outcome on the screen clearly. In the same time. the red light changes into greeen that it indicates the warning is dismissed.

图6–9 可视化除菌水龙头（本设计引自 www.billwang.net）

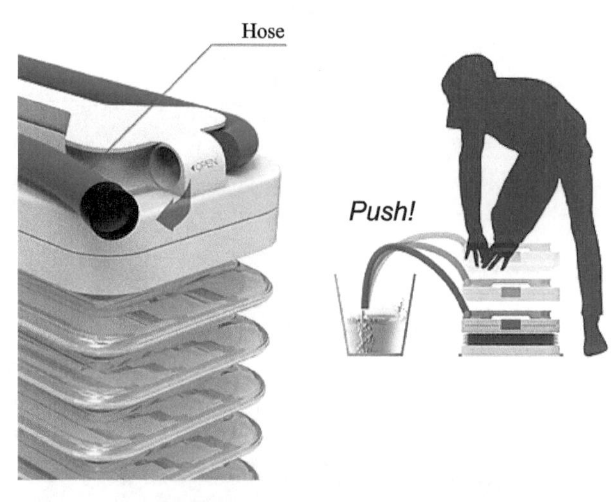

图6-10 可折叠的运输箱（本设计引自 www.billwang.net）

12. 砧板刀架

设计评析：设计师Jowan Baransi将插刀架和砧板结合，为我们带来耳目一新的厨房砧板设计。这款刀架采用木质作为整体材质，前部为平整的砧板，后部的隆起则设计为刀架，方便用户使用。波浪刀架将直线和波浪很好地结合在一起，有很好的装饰效果，插刀架和砧板的整合设计也提供了高效的使用率，如图6-12所示。

13. 可折叠滑板自行车设计

设计评析：设计简约时尚，没有过多繁杂的设计细节，折叠后提取方便，而且也不会太重，整体设计符合简约时尚的现代心理需求，

如图6-13所示。

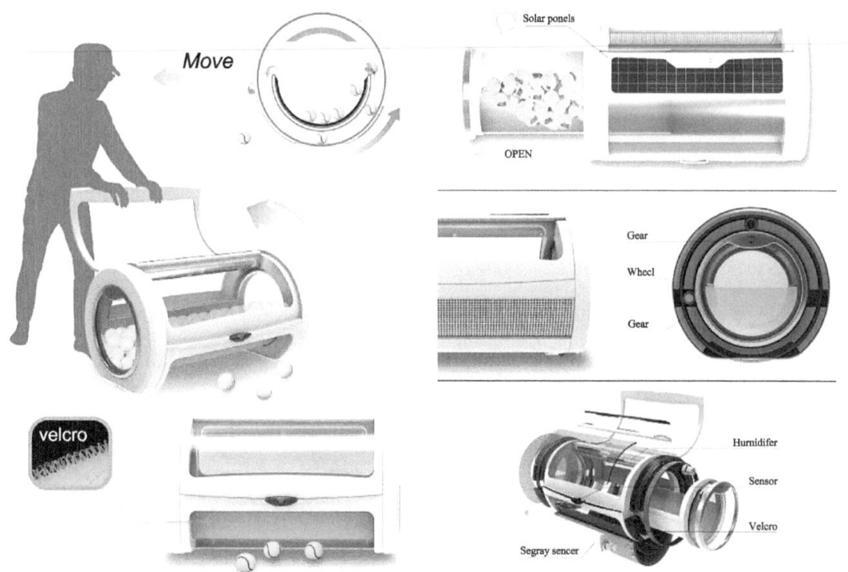

图6-11 高效捡网球的机器人（本设计引自 www.billwang.net）

图6-12　砧板刀架（本设计引自花瓣网）

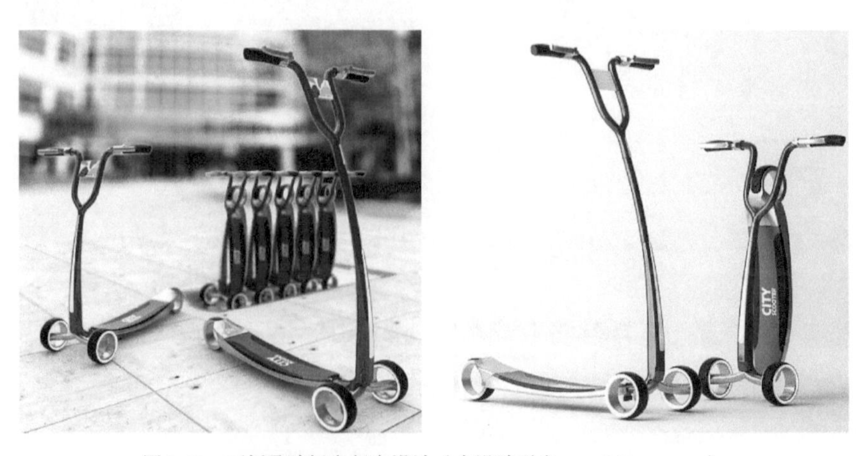

图6-13　可折叠踏板自行车设计（本设计引自 www.billwang.net）

6.2 国内知名竞赛优秀作品设计展板赏析

电动升降桌 JC35TS

- 升降自由，可站可坐交替办公，站坐交替间不妨碍手头忙碌的事务。
- 操作简便，只须轻轻按动按钮就能实现站坐交替目的。
- 记忆功能储存：即使用者可根据自身适合的高度将功能键调至固定的位置，方便使用。
- 外观简洁，大方，与国际办公潮流接轨，区别传统办公桌沉闷不易挪动的样式。
- 有益办公族的身心健康，可增加工作效率，令职场氛围更加活跃。

图6-14　电动升降桌（设计者：浙江捷昌线性驱动科技股份有限公司）

图6–15　可圈可叠（设计者：陈炀雪）

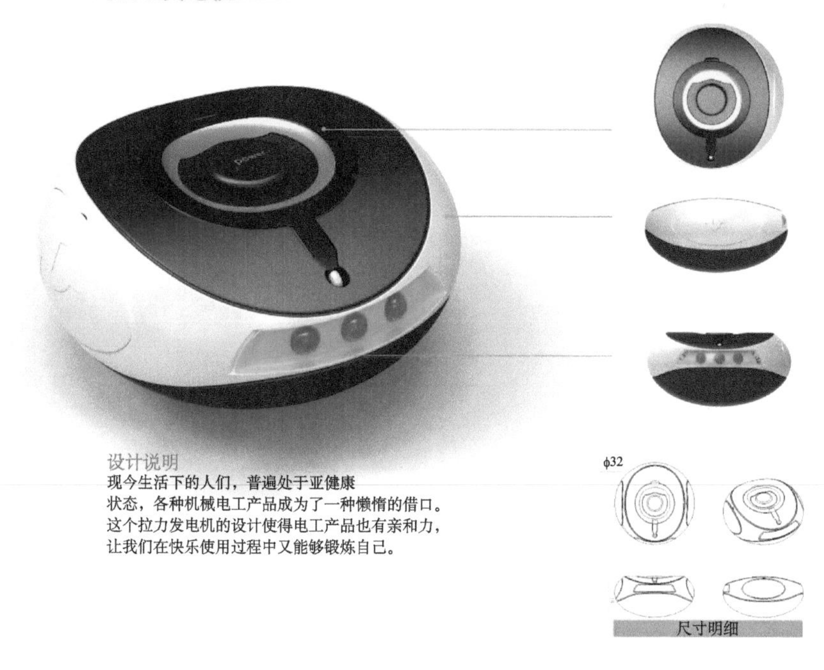

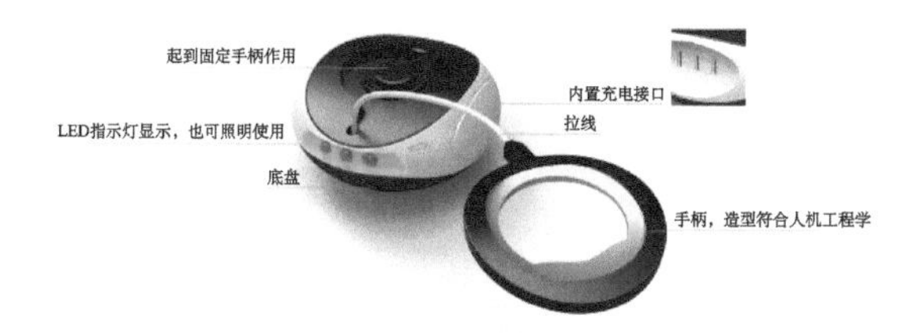

图6–16　拉力发电机（设计者：金江，第七届全国美育成果展评二等奖）

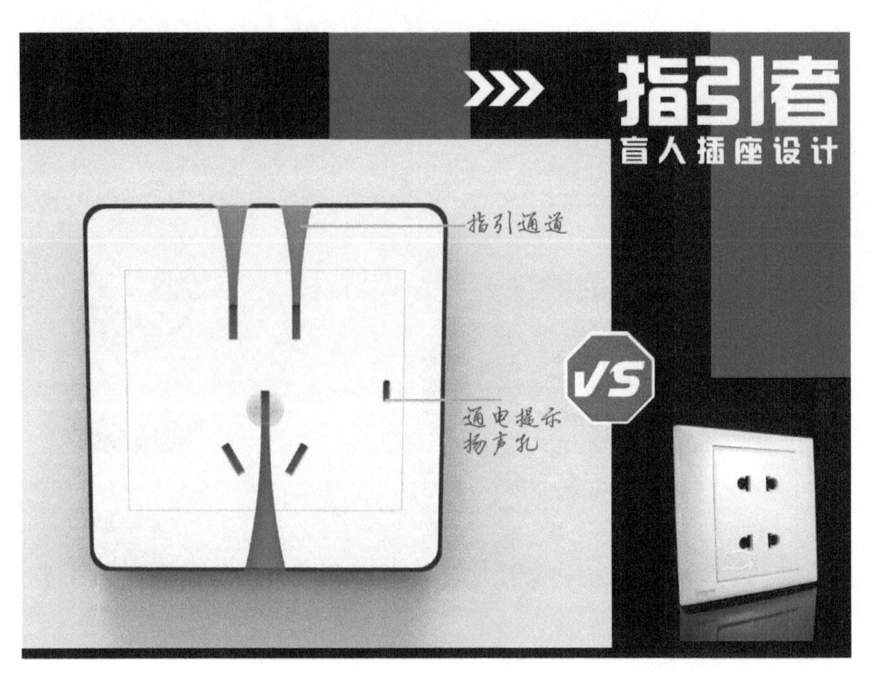

使用方式沿引导槽往内滑，到底后向内推进，
如若提示音响起，表示已通电。

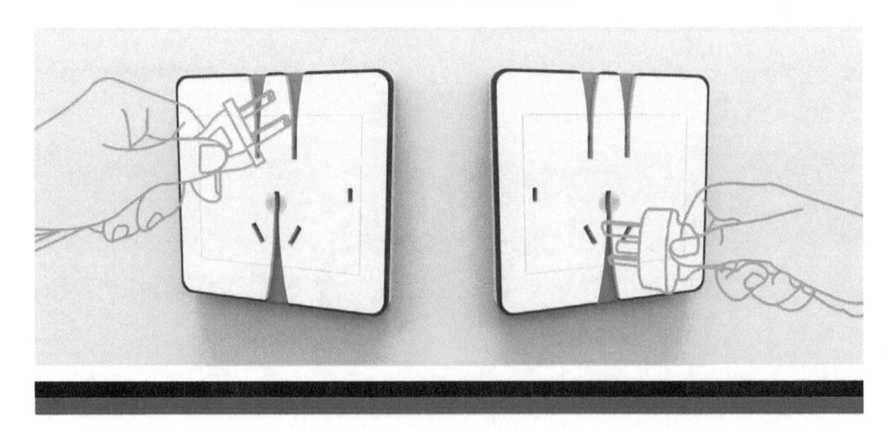

图6–17 “指引者”盲人插座设计（设计者：姚剑）

图6-18　茶杯椅设计（设计者：周丽先）

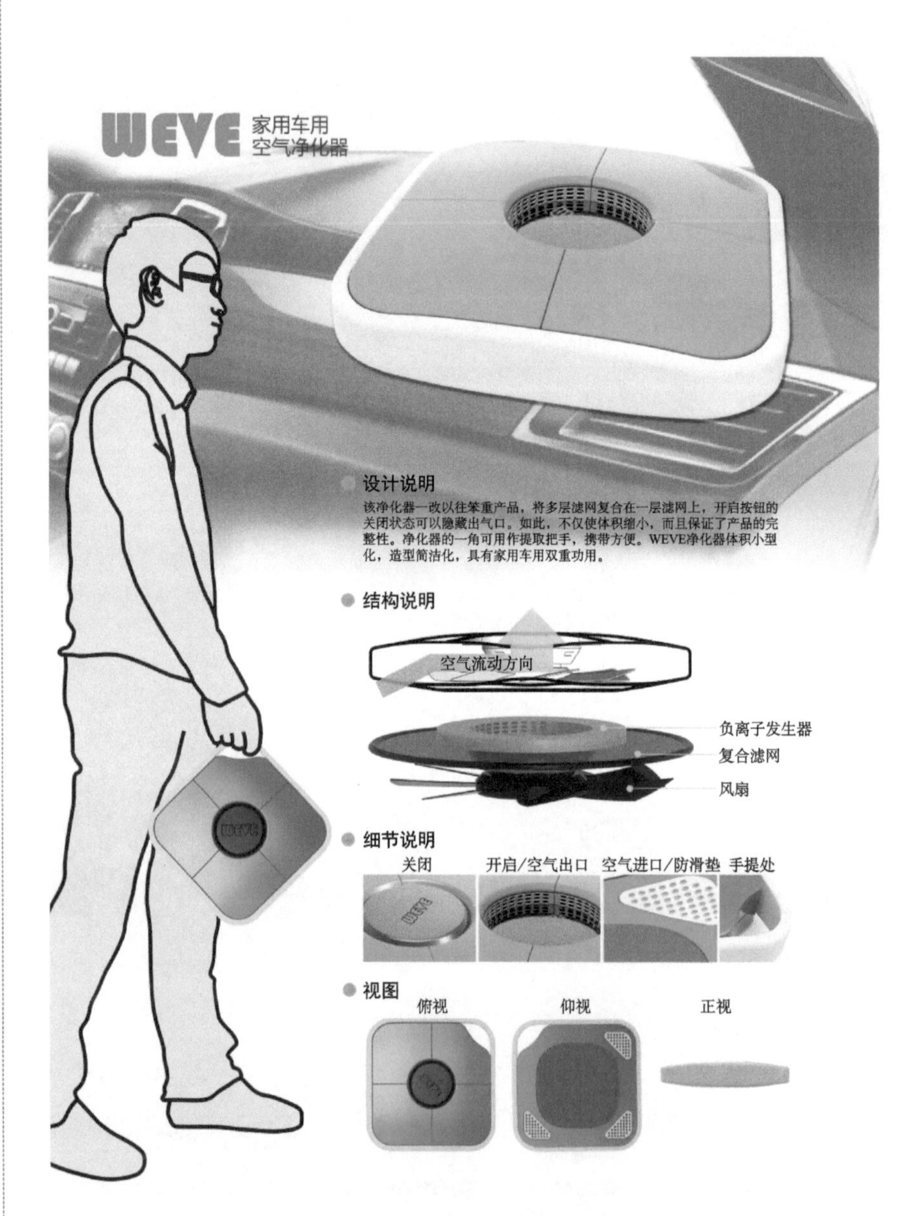

图6-19　家用/车用空气净化器（设计者：诸暨泛思设计咨询有限公司）

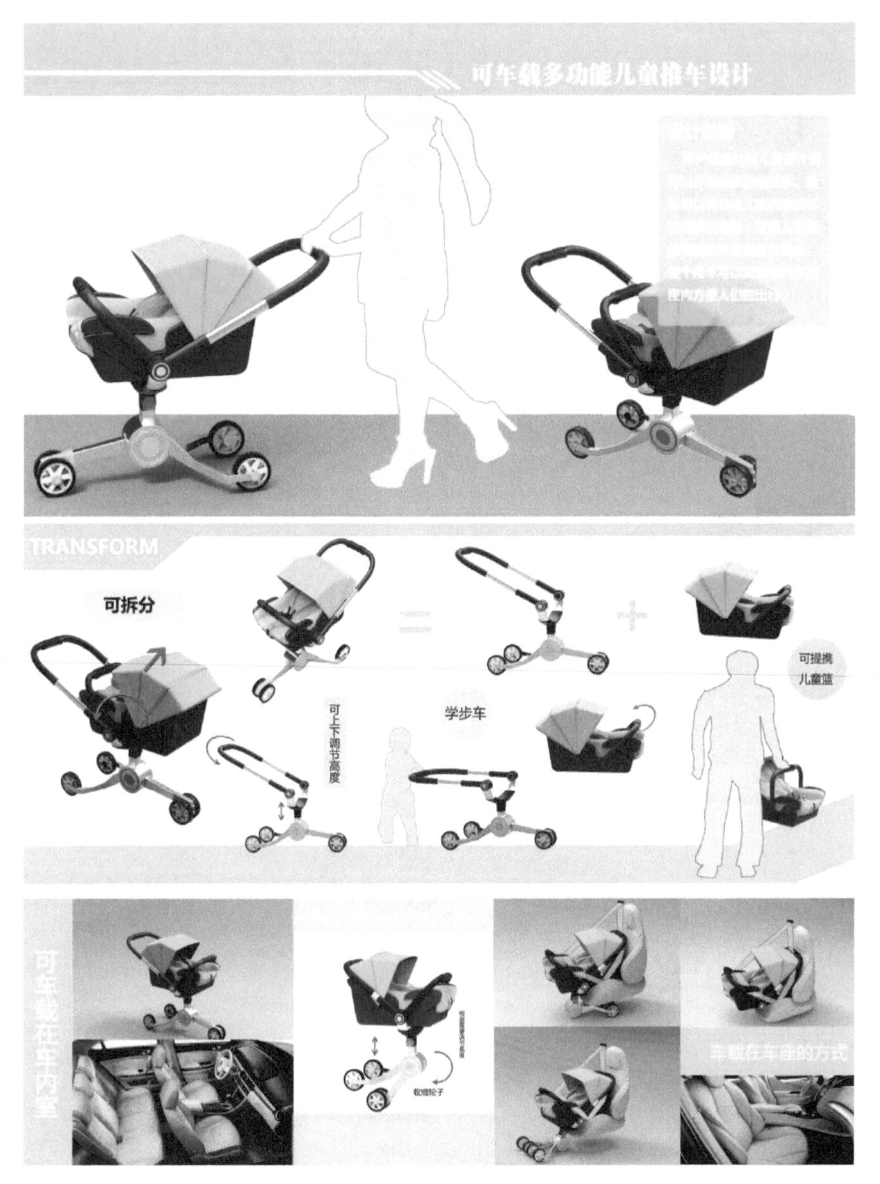

图6-20 可车载多功能儿童推车（设计者：陶珊珊）

图6-21　空气净化器设计（设计者：诸暨泛思设计咨询有限公司）

图6-22　儿童积木组合餐桌设计（设计者：何泽煜）

“韵律秋千”設計

GRADUATION DESIGN

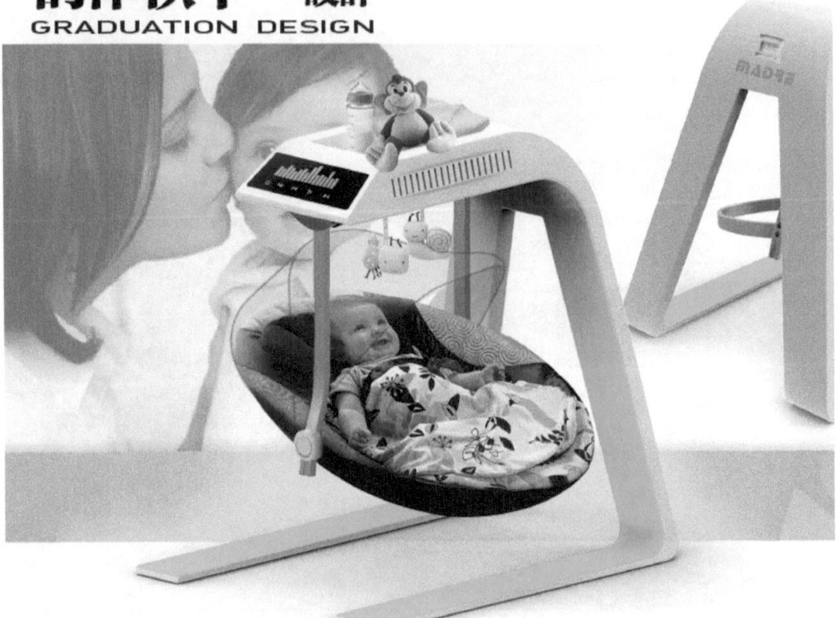

设计说明：

在“韵律秋千”的设计中，贯穿着“关爱儿童”的人文意义。
本设计通过识别宝宝的哭闹声来调节秋千摆动的幅度，
从而起到安抚宝宝的效果。本设计还有着音乐播放的功能，
通过音乐有助于宝宝的睡眠。这样可以在一定程度解放父母的双手，让他们能够有时间忙于自己的事情。

Design Notes:
In the "rhythm swing" design, through the "child" humanistic significance. Designed to adjust the amplitude of the swing by identifying the baby's crying sound, which play a soothing effect of the baby. This design features as well as a music player, music can help your baby sleep through.
This liberation of the hands of the parents to some extent, so that they can have time to busy with their own thing.

细节展示

屏幕界面，
包含电源、摇摆、音乐

收纳槽，
用于放置一些物品

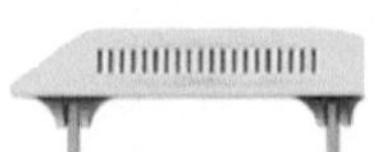

扬声孔，
播放音乐帮助宝宝睡眠

摇摆滑槽，
在功能启动下“秋千”来回摆动

档位调节按钮，
产生三个不同的倾斜角度

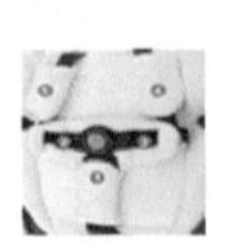

五点安全护垫，
保证宝宝的安全，
呵护宝宝娇嫩肌肤

底部防滑垫，
固定设施不打滑

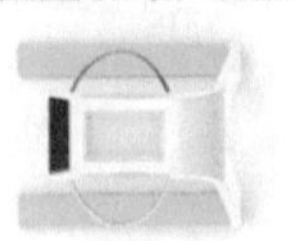

“M”造型，
给人一种拥抱的感觉，
又是“妈妈”的意思

图6-23　韵律秋千设计（设计者：胡琴）

图6–24 家用桌面加湿器设计（设计者：竺秋娜，创意中国设计大奖赛三等奖）

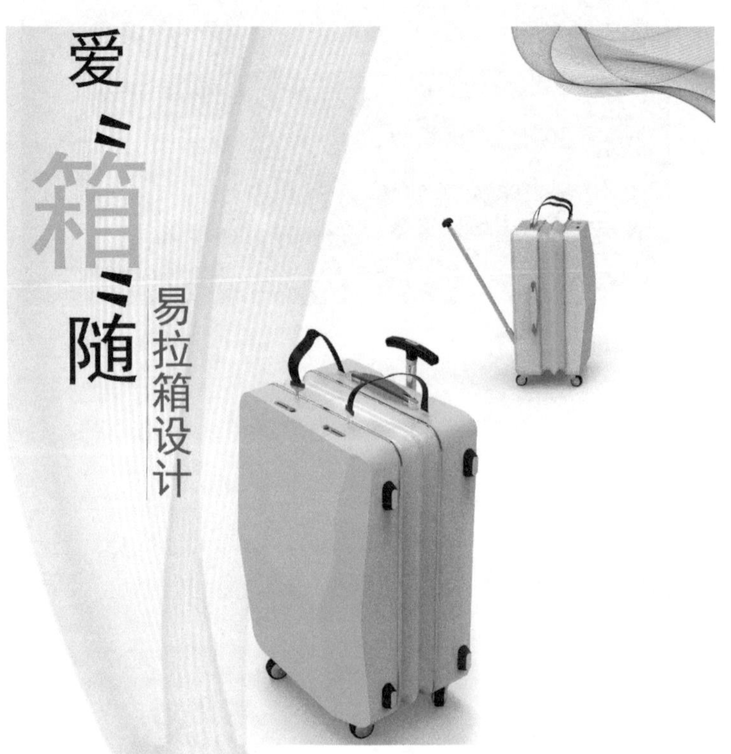

【设计说明】

行李箱前部为不规则的切面设计，即有青春的寓意，又能满足不少人对现代的追求，行李箱上部有弹性安全带设计能够绑定多余的行李包，解放双手，拉杆是采用旋转设计，转轴在拉杆底部，可使使用者在行走时只需提供前进的动力，而不需要承受箱子的重力，别适合女生使用。行李箱中部采用可伸缩设计，用户可根据行李多少来调整箱体厚度，灵活应用方便在登机时可带进机舱。

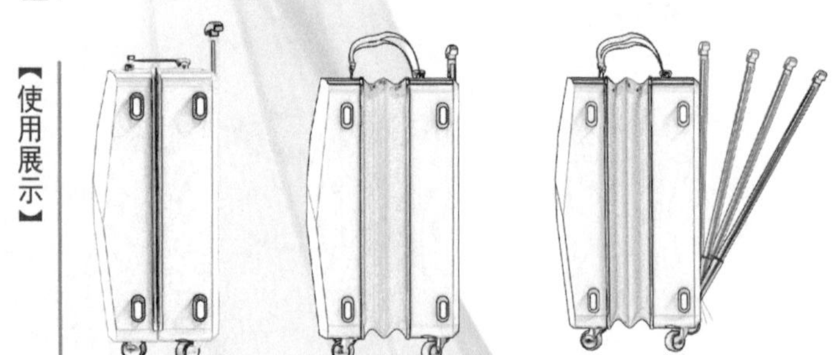

图6–25　“爱相随”易拉箱设计（设计者：饶立波，某省大学生工业设计大赛铜奖）

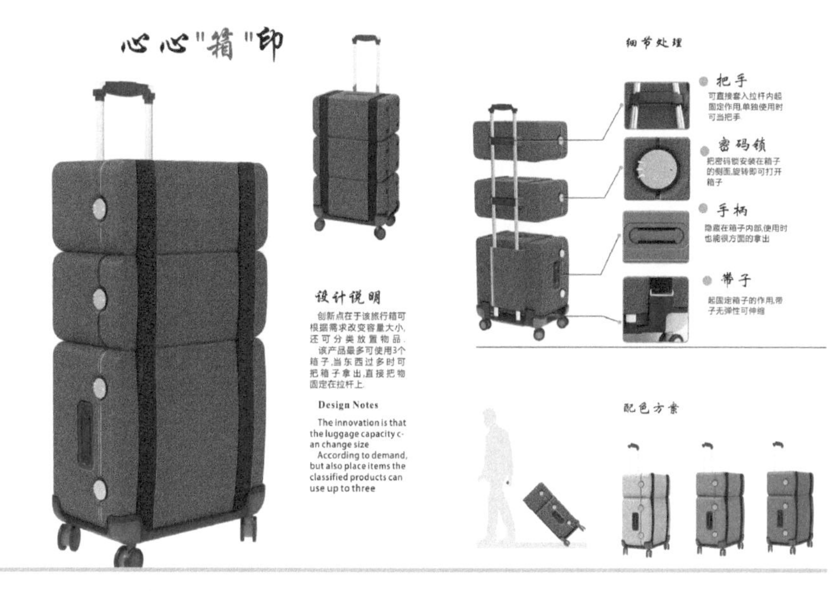

图6–26　“心心箱印”拉杆箱设计（设计者：金旭红，某省工业设计大赛金奖，某市工业设计大赛银奖）

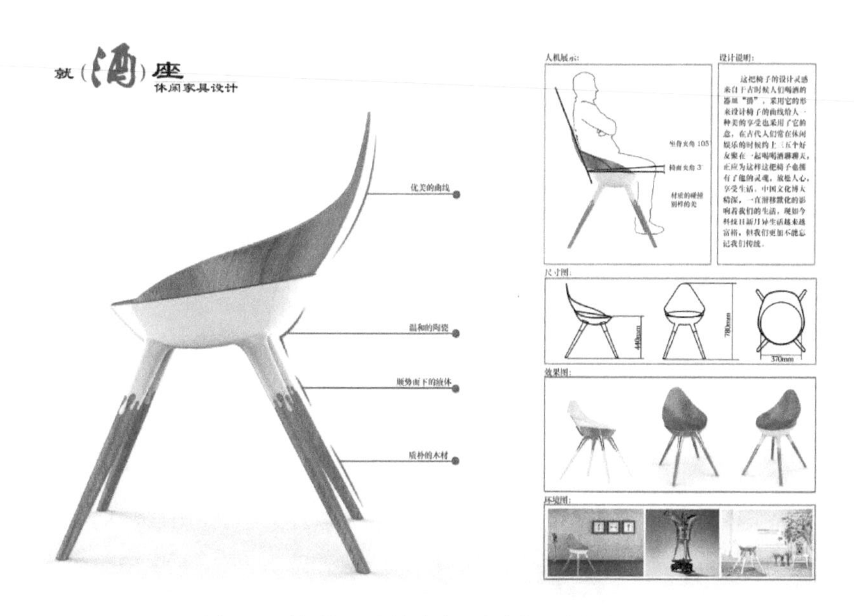

图6–27　就（酒）座椅设计（设计者：朱莹莹）

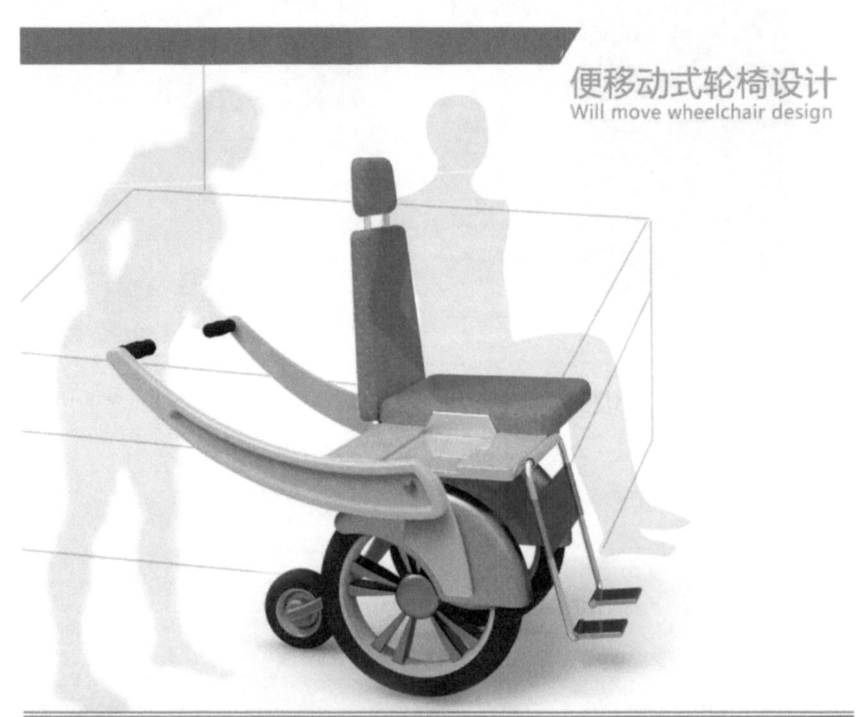

设计说明/Design Notes

当今社会，关注残疾人及行动不便的人已经成为一种社会美德。这是一款针对行动不便的人设计的轮椅，尤其是在行动不便的人从轮椅移动到床位或是座椅时，此款轮椅只需要向下压动推手部分，即可完成使用者的水平移动。其中在座椅位置设置有一个梯形的凹槽，从而实现坐垫椅部分的滑动。

Today's society, people with disabilities and mobility concerns people have become a social virtue. This is a design for people with reduced mobility wheelchair, especially in people with reduced mobility when moving from a wheelchair to a bed or chair, wheelchair section need only push hands move down the pressure part, to complete the user's level moved. Which is provided with a trapezoidal recess in the seat position, in order to achieve the sliding portion of the seat cushion.

六视图/Six Views

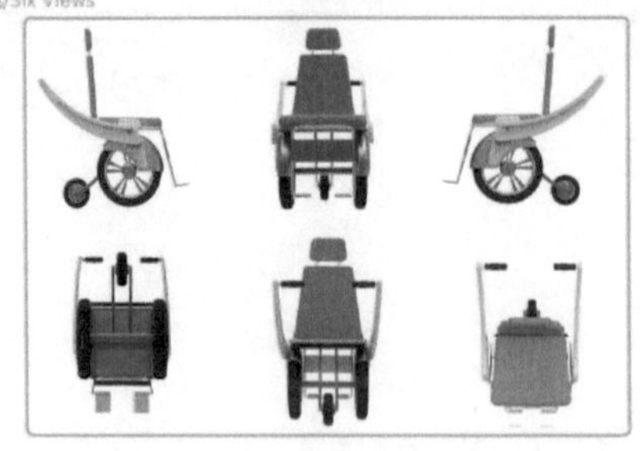

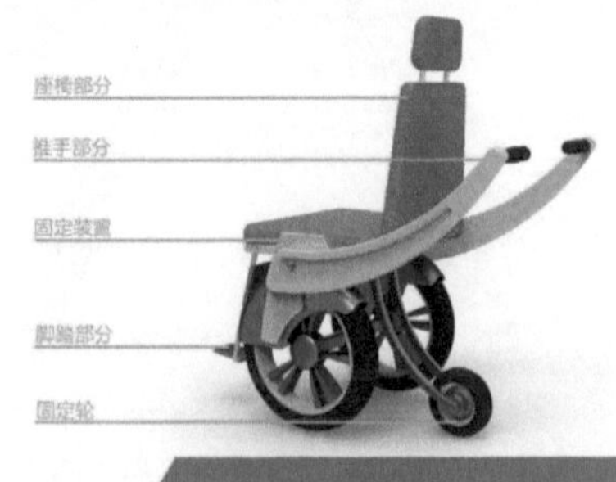

图6-28　便捷移动式轮椅设计（设计者：叶晓伟，创意中国设计大奖赛二等奖）

图6-29　盲人水杯设计（设计者：章学良）

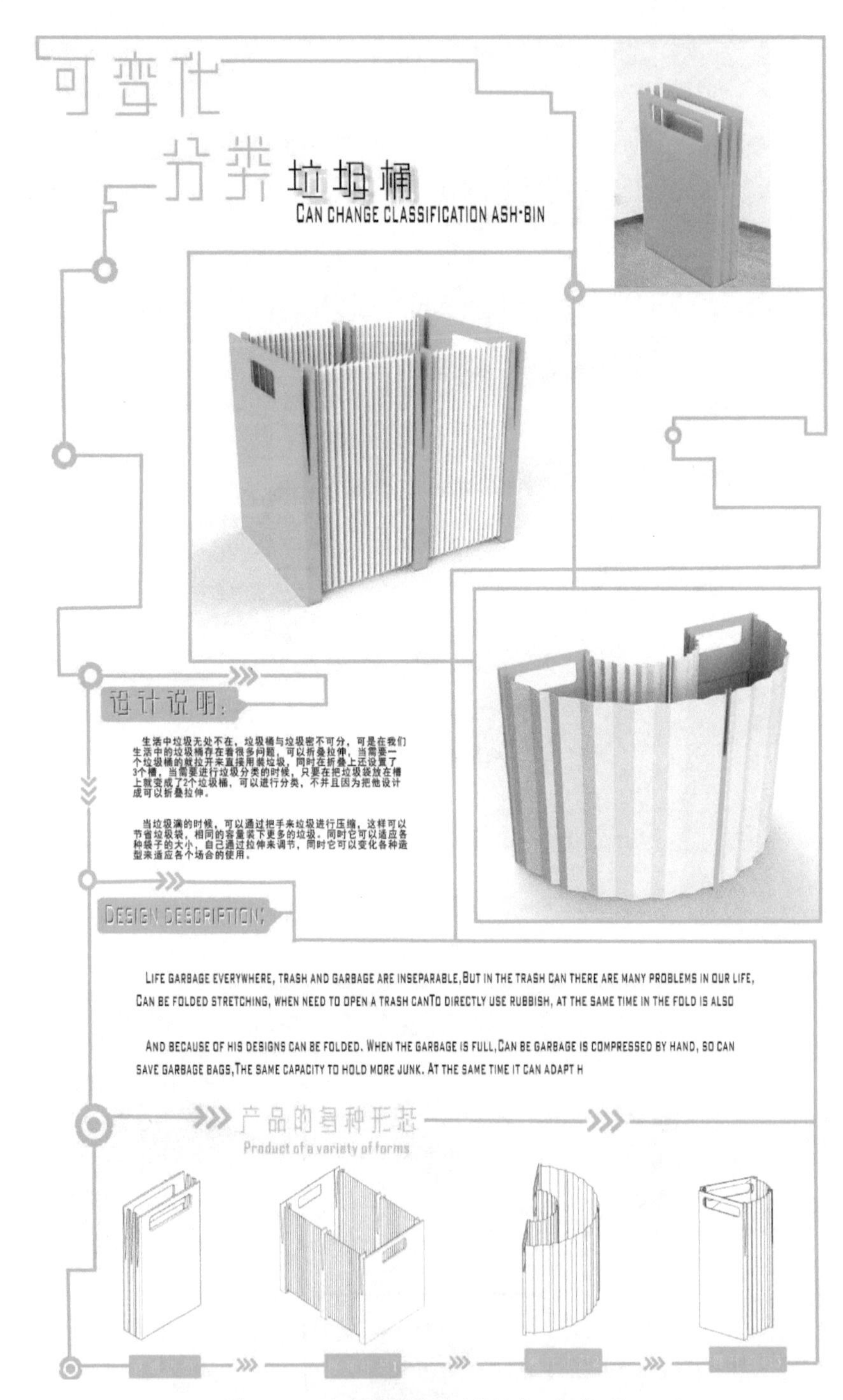

图6–30　垃圾桶创意设计（设计者：何佳丽）

课后总结与习题训练

一、思考与练习

1．国内著名的工业设计竞赛主要有哪些?

2．展板设计常用的设计软件有哪些？这些软件各自的特点是什么？你一般利用什么软件进行展板展示设计。

二、设计拓展

请将第5章练习中设计的产品进行A3幅面的展板设计，并参加国内相关创新类设计大赛，并争取将已设计好的作品申请专利。

参考文献

[1] 伏波. 产品设计-功能与结构［M］. 北京：北京理工大学出版社，1994.

[2] 郑健启. 设计方法学［M］. 北京：北京大学出版社，2007.

[3] 高楠. 工业设计创新的方法与案例［M］. 北京：化学工业出版社，2006.

[4] 李彬彬. 设计效果心里评价［M］. 北京：中国轻工业出版社，2005.

[5] 吴翔. 产品系统设计［M］. 北京：中国轻工业出版社，2000.

[6] 何晓佑、谢云峰. 人性化设计［M］.南京：江苏美术出版社，2001.

[7] 刘国余. 产品设计［M］. 上海：上海交通大学出版社，2000.

[8] 张琲. 产品创新设计与思维［M］. 北京：中国建筑工业出版社，2005.

[9] 倪培铭. 计算机辅助工业设计［M］. 北京：中国建筑工业出版社出版，2005.

[10] 张荣强. 产品设计模型制作［M］. 北京：化学工业出版社出版，2004.

[11] 江湘云. 设计材料与加工工艺［M］. 北京：北京理工大学出版社，2004.

[12] 高楠. 工业设计创新的方法与案例［M］. 北京：化学工业出版社，2006.

[13] 秦骏伦. 创造学与创造性经营［M］. 北京：中国人事出版社，1995.

[14] 丁满. 产品二维设计表现［M］. 北京：北京理工大学出版社，2008.

[15] 王明旨. 产品设计［M］. 杭州：中国美术学院出版社，1999.

[16] 王继成.产品设计中的人机工程学［J］. 北京：化学工业出版社，2010.

[17] 闫卫. 工业产品造型设计程序与实例［M］. 北京：机械工业出版社，2001.

[18] Kevin N. Otto, Kristin L. Wood. 产品设计［M］. 齐春萍，宫晓东等译. 大连：东北财经大学出版社，2005.

[19] Karl T. Ulrich, Steven D. Eppinger. 产品设计与开发［M］. 杨德林译. 大连：东北财经大学出版社，2001.